思想点亮心灵

俞敏洪 著

图书在版编目（CIP）数据

思想点亮心灵 / 俞敏洪著 .—北京：北京联合出版公司，2024.5
ISBN 978-7-5596-7575-0

Ⅰ.①思… Ⅱ.①俞… Ⅲ.①人生哲学—通俗读物 Ⅳ.① B821-49

中国国家版本馆 CIP 数据核字（2024）第 077994 号

思想点亮心灵

作　　者：俞敏洪
出 品 人：赵红仕
责任编辑：徐　樟

北京联合出版公司出版
（北京市西城区德外大街 83 号楼 9 层　100088）
北京世纪恒宇印刷有限公司印刷　新华书店经销
字数 300 千字　880 毫米 × 1230 毫米　1/32　印张 12.875
2024 年 5 月第 1 版　2024 年 5 月第 1 次印刷
ISBN 978-7-5596-7575-0
定价：68.00 元

版权所有，侵权必究
未经书面许可，不得以任何方式转载、复制、翻印本书部分或全部内容。
如发现图书质量问题，可联系调换。质量投诉电话：010-82069336

自序：让阅读穿透时光

一直以来，我都偏爱读书时画出那些能让我感动、让我为之一振的句子。

在学习英语的过程中，我也常常有意、无意地收集和背诵那些节奏、文法、寓意非常好的句子。这样的句子不但能够让我更好地掌握单词、搭配，积累一些地道的用法，有些还能给我力量，内化成日后引领我向前的精神源泉。

新东方有个活动，叫作"百日行动派"，意在鼓励学生们通过100天对某个好的习惯、行为的坚持，让自己更加自律，大家结伴完成100天的梦想。即使公事非常繁忙，我也欣然加入其中，希望通过100天的坚持，给孩子们以及我的新东方同人们做个表率。

做什么呢？我第一个想到的就是，和大家分享那些在我的生命中留下印记的句子。每天一句，是我的坚持，也是我的功课。好的句子就像火种，会点燃你。曾经一句"在绝望中寻找希望，人生终将辉煌"引导着我创办新东方，在那些青涩而迷茫的日子里，支撑我翻过一座又一座高山，最终让一个人的新东方，变成今天数万人的新东方。

每个人都有沮丧、失望的时候，好的文章、句子常常是我们人生的助力器，在成长的某个时刻鼓励着、引导着我们。每个句子背后，都有一个人，一段激动人心，抑或缠绵悱恻的故事。这些句子穿透时光，让我们看到若干年前的那些巨人，如爱因斯坦、海明威、菲茨杰拉德……也在生命中的某个时刻，经历着和我们一样的悲喜和感动。我不想给大家某些"指导"，更想和大家成为朋友，把那些影响到我，给我火花、给我力量的美丽句子和感动瞬间分享给大家。

这些美丽的英文，有一些选自我所读过、喜爱的名著，有些来自我听过、看过的歌词或电影，有些可能你也曾经读过。德国作家、诗人赫尔曼·黑塞曾说："世界上任何书籍都不能带给你好运，但是它们能让你悄悄成为你自己。"希望这些熠熠生辉的句子，能引你拿起书本，和我一起感受十四行诗的美丽，感受拜伦曾有的悸动。

这里我选出的句子，不仅仅是想要帮助大家学习英文，感受英文之美，更想带给大家的，是那些有成就的个体，在人生某个踟躇的瞬间对生命绽放的、正向的"能量和态度"！我力争把我所了解的他们，以及句子背后的故事分享给大家。当然，这里也有我人生的经验和思考。A diamond is just a lump of coal that stuck to its job！钻石不过是一颗坚持到底的煤炭。每天一句美好的英文，每天一点坚持，希望当你读完这本书，这些曾经感动着、鼓励着我的，也能助你一往无前！

目录

PART 1　001
成长如蜕，
虽苦犹甜

PART 2　073
人生，
笑着向前走

PART 3　131
用世间美好，
润我之心田

PART 4

209

每一天的努力,
都是为了活得精彩

PART 5

297

认清生活真相后,
依然热爱生活

PART 6

351

泱泱华夏,
一撇一捺皆是脊梁

1 PART 成长如蜕，虽苦犹甜

- 003　梦想：有了梦想就要去捍卫
- 006　优势：找到你的"精致矿脉"
- 010　练习：天分也需要刻意练习
- 014　目标：改变人生的信念与信心
- 018　起点：童年奠定了一生的基础
- 022　自信：太阳比风更快让你脱下外套
- 026　成熟：你也可以成长为一个优秀的成年人
- 030　心态：把奋斗写进青春里
- 034　行动：不要说"我希望"，而说"我将会"
- 038　实现：不只做梦，更要 Make It Happen
- 042　尝试：搞清事物的唯一途径是亲身尝试
- 046　勇敢：勇敢的人先享受世界
- 049　探索：决心要做，就拼命坚持
- 052　机遇：不冒任何风险才是人生最大的风险
- 056　突破：别给自己的人生设限
- 060　决定：无数的选择决定了我们的命运
- 063　经历：没有一颗心因为追求梦想而受伤
- 067　梦想、想象力：想象力是最神奇的魔法

2 PART 人生，笑着向前走

- 075 情感：爱无处不在，爱随时随地
- 079 人际关系：与更优秀的人交朋友，成为更好的自己
- 082 缘分：白头如新，倾盖如故
- 086 内在：爱那些内外都闪闪发光的人
- 089 相遇：遇见你，给了我生命中最好的时光
- 093 力量：快乐的人也会让别人感到快乐
- 096 幸福：幸福是每一个微小的生活愿望达成
- 099 积极：你面前有阴影，是因为你背对阳光
- 103 激情：你必须对某样东西倾注你的深情
- 106 初心：热情 + 坚持 = 人生一切精彩的可能
- 109 感恩：懂得感恩的人，更容易获得幸福
- 113 尊重：你的付出，终将得到回报
- 117 纪念：记住值得的人，做值得被记住的人
- 120 善良：生而为人，应当善良勇敢
- 123 选择：善良是一种选择
- 126 呵护：每个人一生中至少有一次值得大家为他鼓掌

PART 3　用世间美好，润我之心田

- 133　读书：读书不是为了炫耀，而是为了提升自己
- 137　美好：诗歌是诗人对生活的欣赏
- 141　谦逊：越懂得谦逊，越容易成功
- 145　母爱：愿时光能善待我的母亲
- 149　诗歌：夏日短暂，但友谊永恒
- 155　过程：但问耕耘，不问收获
- 159　互助：多帮助他人，能让生命变得更有意义
- 163　坚韧：保持大海一样明快的眼睛
- 167　视角：用崭新的视角，才能发现崭新的世界
- 171　行走：燃烧起来，追求生命的极致
- 175　坚持：裂缝是光照过来的地方
- 178　当下：过好每一天，才是给自己最好的礼物
- 182　打破障碍：生命总会找到自己的出路
- 186　希望：希望也许是世界上最好的东西
- 189　告别：人生最令人痛心的就是，来不及好好道别
- 194　克服：每一个绝望的境地，都有希望存在
- 198　成长：成长让人变得伟大
- 201　体验：停止幻想，去奔跑，去经历，去热爱！
- 205　眼界：看更大的世界，成为更好的自己

PART 4 每一天的努力，都是为了活得精彩

- 211　无可替代：学习的美好之处，没人能从你身上把它拿走
- 214　细节：一屋不扫，何以扫天下
- 218　自律：低级的快乐是放纵，高级的自由是自律
- 222　自傲：世界才不在乎你的自尊
- 225　机会：突破舒适区，接受新挑战
- 229　主动：为坐上首席而奋斗
- 233　专注：专注力就是生产力
- 237　付出：天上永远不会掉下玫瑰来
- 241　实践：成功不是偶然的事件
- 245　征服：生命的意义不是简单的存在与活着
- 249　反思：真正想做比一直在做更重要
- 253　进取：闲暇时间的利用，决定你成为什么样的人
- 258　热爱生命：把时间花在有意义的事情上
- 262　投入：不管做什么，都要做到极致
- 265　永恒：重要的是，此时此刻你身边的人
- 269　交往：人会在交流中产生思想的火花
- 273　仪式感：真正的幸福需要有仪式感
- 277　竞争：生命就是一场赛跑
- 281　珍惜：珍惜每一天，过好每一天

285　接受：生命是一份礼物，不能浪费它
289　挫折：摔倒后站起来，就是胜利者
292　坎坷：无论身处何境，都不要放弃希望

5 PART 认清生活真相后，依然热爱生活

299　换位思考：不是所有人都有优越条件
303　理性：一个人评判的越多，爱的就越少
307　偏见：偏见是压在自己身上的负担
311　质疑：人应该独立思考，大胆质疑
315　痛苦：我的欢乐绝对不可以成为别人痛苦的原因
319　筹谋：与其焦虑，不如冷静计划和思考
323　创造：有些忙是疲惫，有些忙是创造
327　领悟：从有限的生命中，发展无限的可能性
331　直觉：请鼓起勇气追逐自己的本心
335　过去：所有的过去会变成人生的全部
339　直面：世界是现实存在，我们要去体验
343　脆弱：那些杀不死你的，终将使你变得更强大
347　矛盾：认清生活真相后，依然热爱生活

6 泱泱华夏，一撇一捺皆是脊梁

353　信念：为理想事业苟且地活着

357　改变："改变"二字写在每一代年轻人的基因里

361　价值：能创造价值的人才是成功的人

365　奉献：助人，就是最好的助己

369　信仰：那些触达灵魂的信仰，都闪耀着人性的光辉

373　开放：聪明的人会建桥，愚蠢的人设障碍

377　责任：日月同辉，世界才能更精彩

380　热情：少年兴则国兴，少年强则国强

383　荣耀：人之不朽，在于同情心、牺牲精神与忍耐力

387　情怀：紧紧抓住梦想，有梦就有希望

390　失望与希望：接受有限的失望，才不会失去无限的希望

394　和平：和平是生命的美丽之处

PART 1　成长如蜕，虽苦犹甜

You got a dream, you gotta protect it.
People can't do something themselves,
they wanna tell you you can't do it.
If you want something, go get it.

The Pursuit of Happyness

如果你有梦想的话,就要去捍卫它。
那些一事无成的人想告诉你你也成不了大器。
如果你有理想的话,就要去努力实现。

——《当幸福来敲门》

✦ 梦想 ✦
有了梦想就要去捍卫

这句话来自大家非常熟悉的一部电影,电影名称叫《当幸福来敲门》(*The Pursuit of Happyness*)。

这句话表达的核心意思是:当我们有梦想的时候,我们一定不要被别人左右。我们应该紧跟自己的理想前行,别人的言行左右或动摇了你对于理想的坚定信念,那么到最后你的理想实现不了,吃亏的还是你。

这句话也让我想起了我年轻时候的高考岁月。对我来说,作为一个农村孩子,唯一的理想就是自己能考上大学。我第一年高考没有考上,回到农村继续干农活。第二年坚持参加高考,依然没有考上,当时真的有很多人告诉我别考了,我们就是农民出身,命根子里面也不会有上大学的命,好好在农村干活就完了。而且我们村庄的老百姓还讽刺我,因为当时我已经戴上眼镜,被说成是假大学生。但是我还是坚持去参加第三年的高考,我 go get it(就要去努力实现)。结果第三年我考上了北京大学。所以我对这句话有非常深刻的体会,就是 If you want something, go get it(如果你有理想的话,就要去努力实现)。

这部电影非常感人,我本人看了至少三遍。影片讲述了一个由真人真事改编的故事,有点像拍我的《中国合伙人》那部电影。这部电影讲了推销员克里斯·加德纳(Chris Gardner)的故事,加德纳本身是一位美国黑人推销员，经过艰苦的奋斗过程，最后成为著名的投资家。整部电影讲的是加德纳在遭到大公司裁员以后，濒临破产，老婆在最艰难的时刻离家出走，把儿子留下来，他和儿子相依为命的故事。面对无家可归的情况，面对挫折，他仍然不忘继续奋斗和追求梦想，后来通过奋发向上的努力成为股市交易员，再后来开了自己的公司，成为百万富翁。

这部电影的主演是美国著名的黑人演员威尔·史密斯（Will Smith）。这部电影中的父子是由威尔·史密斯和他自己的儿子演的。父子两个在电影中默契的配合也是这部电影的一个很大亮点，我曾经几次因为父子两个的默契配合而感动。

电影的片名还有一段小插曲，你看片名中的英文是 happyness，而不是 happiness。这是来自电影中男主角的一句话："There is an 'I' in happiness, there is no why."。这句话的意思就是，幸福中你不要去问 why（为什么），因为它没有 why，只有 I（我），只有"我"在幸福中。

所以只要你坚持自己去努力、争取和拼搏，你就会获得幸福，这是标题的意义。希望我们所有的朋友都能够坚持自己的理想，努力奋斗，不要去管别人的流言蜚语，把自己的理想变成现实。

Although men are accused of not knowing their own weakness, yet perhaps few know their own strength. It is in men as in soils, where sometimes there is a vein of gold which the owner knows not of.

Jonathan Swift

世人多不知道自己的短处，
但也很少有人知道自己的长处。
人如土地，有时蕴藏金矿，本身却不知道。

——乔纳森·斯威夫特

✦ 优势 ✦
找到你的"精致矿脉"

这个句子选自爱尔兰著名作家乔纳森·斯威夫特（Jonathan Swift）。大家可能不太熟悉他的名字，但要是我说出他写的一部小说，大家可能就清楚了。这部小说的名字叫《格列佛游记》（*Gulliver's Travels*）。

斯威夫特是出生于爱尔兰的著名作家，他一生往返于爱尔兰和英格兰，积极支持并投入争取爱尔兰独立自由的斗争，但愿望也没有实现。斯威夫特出生于爱尔兰的都柏林，家庭比较贫苦，他的父亲是定居于爱尔兰的英格兰人，斯威夫特还没出生，父亲就去世了，母亲也没有钱供养他，叔父把他养大，之后叔父也去世了。所以他从小就接触了社会底层的很多阴暗面，培养了对社会敏锐的观察和批判精神。他曾在都柏林圣三一大学读书，毕业后做过秘书、编辑等工作，最后成为作家。这就是斯威夫特自己的故事。他活了70多岁，刚好生活在英国资本主义社会的发展阶段，也是英国殖民统治向全世界扩张的阶段。

他看到这个时期英国资本主义的腐朽和英国殖民统治的残酷，目睹这些以后，就号召爱尔兰人民为了获得自己的独立和自由进行斗争，这就是斯威夫特一生奋斗的事业，因此我们也就知道他为什么要说出上面这句话来。他希望爱尔兰人民找到自己的强项，不要屈服于英国的统治，不要作为主人都不知道自己的优势在什么地方，实际上也在说爱尔兰人民应该站起来。

这句话对我们的启示有几点。第一，我们必须要知己知彼，其实知己比知彼更加重要。我们既要知道自己身上的弱点，也要知道自己身上的强项。在现实中，我们大部分人对于自己身上的弱点都很难知道，即使知道也很不愿意承认。很少有人承认自己小家子气、鼠目寸光，或者自私自利，或者脾气个性不好。但往往正是这些不愿意承认的缺点，构成了一生的致命短板，成为自己一生发展的重大障碍。我发现周围很多人创业之所以不成功，就是因为胸怀不够，但是很少有人会承认自己胸怀不够。

第二，不少人常常能够意识到个人优势，有人感觉自己是开朗的，有人认为自己是有领导力、有说服力的。可是这明明并不是他身上最强的优势，他也会觉得自己有这样的能力，这也是人性的一部分。人总要通过对自己的某种过分确认，加强自己的自信，来让自己过得更好。但实际上，有时候我们认为的优势不一定是优势。举个简单的例子大家就明白了，很多人上大学的时候学的专业其实不是自己喜欢的，但既然已经学了这个专业，一辈子就砸在这个专业上了。由于它往往不是自己擅长和喜欢的，自己到最后也做不出什么像样的成就。

很多人更加聪明的做法是反复思考自己喜欢什么。例如，李健本来是清华大学电子工程系的毕业生，最后作为歌手非常成功，同样还有老狼等。每个人都要去寻找自己一生的优势，顺应自己的优势去发展，这样才能找到自己的精致矿脉（the vein of gold）。我们一生想要成就自己，找出自己最喜欢做的事情是非常重要的。

我也有所感受，就我自己而言，尽管我中文和英语都还可以，但坦率地说，学语言不是我的天赋。我的天赋是讲课、当老师，我觉得这是最合适的。没有想到后来做了新东方以后，我觉得自己在管理上也还是有一点点长项，否则不会把一个公司管了 30 余年，还在继续发展。尽管发展得不够大，但是至少体现了我的一点领导力。每个人只有寻找到自己一生的长处，寻找到自己的矿脉，同时也意识到自己的短处而去改正，才能够让自己的生命变得更加完整和辉煌。

日拱一卒

语句解析

men：man 的复数，没有任何定冠词，实际上是指普通人类。

be accused of：被指责为……，被批判为……。"He's accused of selfishness" 意思是"他被指责为很自私"。

few：和 a few 的区别，few 是很少，而 a few 是尽管不多但有一些，所以 few 表示了否定性的极少。

soil：土壤、土地。

vein：静脉，在这儿是指矿脉。a vein of gold 就是金矿脉。

the owner knows not of：not of 是中古英语的用法，正确用法应该是 the owner doesn't know of，know of 表示知道、知晓，把 not 放在 know 的后面，像诗歌里的写法一样，是文学上的强调。

I cannot write poetically, for I am no poet. I cannot make fine artistic phrases that cast light and shadow, for I am no painter. I can neither by signs nor by pantomime express my thoughts and feelings, for I am no dancer; but I can by tones, for I am a musician.

Wolfgang Amadeus Mozart

我不会写诗,因为我不是诗人;
我无法用优美而富于艺术性的乐句投射光
与影的效果,因为我不是画家;
我也不能够用手势和哑剧动作表达我的思想和情感,
因为我不是舞蹈家。
但是,运用声音我可以做到一切,
因为我是一个音乐家。

——沃尔夫冈·阿马多伊斯·莫扎特

·练习·
天分也需要刻意练习

这句话来自著名的音乐家沃尔夫冈·阿马多伊斯·莫扎特（Wolfgang Amadeus Mozart）。这句话代表了莫扎特对自己的评价和看法。

看完句子，感觉一方面好像是莫扎特在对自己进行否认，另一方面又对自己进行了高度承认。因为他表达的意思很明确：我作为一个音乐家，我用音乐就能够表达诗人、画家、舞蹈家所能表达的一切，音乐的表达无所不包。

莫扎特是一个音乐天才，在 4 岁的时候就能弹钢琴，已经展现出了完全与众不同的天赋。他 5 岁能作曲，6 岁参加巡回演出，7 岁就写出了第一部小提琴协奏曲。因为他太有才了，很多人都很喜欢莫扎特，爱因斯坦曾经在被问到生死问题的时候说："死亡意味着我再也听不到莫扎特的音乐了。"还有著名的作家和评论家罗曼·罗兰，他说在莫扎特那里，音乐是生活和谐的表达，不仅他的歌剧，他所有的作品都是如此。他的音乐无论看起来如何，总是指向心灵而非智力，并且始终在表达情感和激情，但绝无令人不快或者唐突的那种激情。

不是很多人都经常听莫扎特的音乐，我也听得不多，但是它确实体现了丰富的情感、随和的音调，同时又充满了天才色彩。大家最熟悉的应该是他创作的著名歌剧《费加罗的婚礼》（The Marriage of Figaro），我相信大家应该有人听过。但是非常可惜的是，莫扎特 35

岁时在贫病交加中去世了，留下了一部比较流行的遗作《安魂曲》。

从莫扎特这句话中我有三个体会：第一，人的天分是不一样的。有的人成为诗人，如拜伦、雪莱等；有的人成为画家，如莫奈、凡·高等；有的人成为舞蹈家。人一辈子的天分是不一样的，但是不管怎样，人靠着自己的天分去努力取得的成功，一定比强扭着自己去取得的成功要更大。毫无疑问，莫扎特是遵循了他的天分指引。凑巧的是，他的父亲也是搞音乐的，能够欣赏他的天分。

第二，不管人的天分怎样，都需要不断地训练，天分才能发挥出来。莫扎特在不到 4 岁时就已经开始训练了，他能弹钢琴，是不断训练和强化的结果。他自己对弹琴感兴趣，他的父亲还有周围的人，因为他的表现很好就不断地强化他这种感觉，不断地赞赏他，表扬他，使他继续不断地奋进，最后能够成为音乐方面的少年天才。

第三，人一定要对自己喜欢的东西有高度的热爱和自信。I can by tones，意思是"我能用音乐表达一切"，这是莫扎特表达出的高度的热爱、高度的自信。其实音乐并不能全面地表达诗歌、美术或者舞蹈所表达的内容。如果真能表达，这个世界上就没有诗歌、美术，也没有舞蹈，只要有音乐一种艺术形式就行了。各种艺术形式之所以在艺术界都有自己独特的地位，就是因为任何一种艺术形式所表达的内容都有自己独特的视角。但莫扎特是一个在音乐方面对自己超级自信的人，所以他才能用一生坚守音乐，并且成为真正的天才，为音乐界贡献了很多杰作。

这三点就是我们在读莫扎特这段话中要体会到的：第一是人的天分是不一样的，要沿着天分去努力；第二是即使有天分也需要反复地训练；第三是人要对自己喜欢的东西有高度的热爱和自信。

日拱一卒
语句解析

poetically：充满诗意的。poet 是诗人，for I am no poet，因为我不是个诗人。如果说 I am not a poet 也是对的，但是 not 没有 no 强调得深，所以它后面用了一系列的 no。I am no poet，I am no painter，I am no dancer，就是"我绝不是诗人，我也绝不是画家，我也绝不是舞蹈者"。

fine artistic：相当于美术、画画。make fine artistic phrases 就是去制造出或者创造出充满美术色彩的语言、线条或者画面。

cast：投射什么东西到什么上面去。cast light on the wall，把光投到墙上去；cast light and shadow，绘画最重要的是光与影的结合，所以把光与影结合得非常好的充满美术色彩的线条和画面就叫作 fine artistic phrases that cast light and shadow。

neither…nor…：既不……也不……

sign：标示或者手势。

pantomime：舞剧或者哑剧，这儿是指舞剧。

We must have perseverance and above all confidence in ourselves. We must believe that we are gifted for something and that this thing must be attained.

Marie Curie

我们必须有毅力，尤其要对自己有信心。我们必须相信，我们拥有做成某些事的天分，也必须相信我们一定能做到。

——玛丽·居里

✦ 目标 ✦
改变人生的信念与信心

这句话来自大家非常熟悉的一位人物——玛丽·居里（Marie Curie）。玛丽·居里是世界上唯一两次获得诺贝尔奖的女性科学家。她第一次是与丈夫一起获得诺贝尔物理学奖，第二次获得的是诺贝尔化学奖。更加让人惊奇的是，她的女儿伊雷娜·约里奥-居里（Irène Joliot-Curie），后来也获得了诺贝尔化学奖。同时，她的先生跟她一起获得了诺贝尔物理学奖。夫妇二人加上女儿女婿，一家人获得了五项诺贝尔奖。这在全世界应该是第一家，到现在为止还没有出现第二家。居里夫人为什么会获得这样伟大的成就？所有这一切都跟居里夫人的个性、勇气和信念有关。我们选的这句话也是居里夫人自己的写照。

我们来讲讲感悟。第一，就像居里夫人说的一样，每一个人都要对自己有信心，要相信自己生下来就是为了某种使命和目标而来的，就像李白诗里所讲的"天生我材必有用"。为什么呢？这件事特别重要，因为人的信念和信心可以改变自己的一切！当一个人对自己灰心丧气的时候，什么都做不出来；但是当一个人觉得自己为了这件事情付出全部努力，可以并且一定能做成的时候，百分之六七十都是可能做成的。所以一个有信心的、相信自己的人和一个没信心的人，完全是不同的精神状态，不同的能量状态。人的能量是自己产生的，它来自自己的信念。

第二，任何事情想要成功，一定要有目标和方向。居里夫人说了我们要努力，但她的努力不是没有方向的。她从小就对物理学、化学感兴趣，作为一位女性这是很难得的。居里夫人生活的那个年代，男女之间很不平等，女人是不能搞科学研究的，所以最初她的所有论文都是以她先生的名义去发表的。即使这样，她依然不放弃，因为她认为自己 gifted for something（拥有做成某些事的天分），她内心有非常明确的目标和努力方向，对化学、物理学她本身就充满了天生的兴趣。从这里可以看出，目标和努力的方向特别重要。你把有限的精力分散到无限的事情上去，那永远也做不出真正的大事。

第三，要不畏艰险，不怕困难。居里夫人为了提取 0.1 克镭，弄了几十吨沥青进行搅拌，一弄就是几十天。所以，不怕困难，不怕挫折，不怕繁杂，一心一意达到自己目标的态度非常重要。

第四，取得成就以后，要继续去努力。人有的时候分成两种，一种是取得一点点小成就就不再努力了。我们发现很多有名的人，电影明星，甚至科学家，最后都变成了演讲明星或者政治明星，再也不去做科研，不对自己的业务进行深入研究。我也发现有些人，一再地取得成功，一辈子都不断努力、勤奋、精进，而且目标明确，居里夫人毫无疑问就是这样一个人。她取得了诺贝尔物理学奖，按理说已经功成名就，后来又取得了第二个诺贝尔奖，而且是化学奖。所以你可以看到，持续不断地努力，才能取得持续不断的成功和成就。所以，如果能做到居里夫人所说的这句话，并且把我说的这四点执行到位，你不想要有所成就都会很难。

日拱一卒

语句解析

perseverance：坚毅、坚韧不拔。英文解释是 determination to keep trying to achieve something in spite of difficulties，尽管有困难，但是依然下定决心坚持尝试，并且获得某种东西的能力。

above all：在所有东西之上，尤其重要的是。

be gifted for something：有着某方面的才华、天赋。

attain：相当于 achieve。但是 achieve 要相对轻松一点。succeed in achieving something after trying for a long time，在尝试了好长一段时间之后才能取得的某种成就，才叫作 attainment 或者 attain。

Childhood is the most wonderful period in
one's life, the child then is a flower, a fruit, dim
intelligence, an endless activity
and a burst of strong desire.

Honoré de Balzac

童年是一生中最美妙的阶段,那时的孩子是一朵花,
也是一颗果子,是一片朦朦胧胧的智慧,
一种永远不息的活动,一股强烈的欲望。

——奥诺雷·德·巴尔扎克

✦ 起点 ✦
童年奠定了一生的基础

这句话来自法国著名小说家巴尔扎克（Honoré de Balzac），讲的是有关童年的感觉。

咱们中国有个词语叫作"童蒙初开"，表示儿童启蒙刚刚开始，翻译成英文刚好就是 dim intelligence，一种永不停息的活动，充满活力，爆发出来的强烈的渴望，渴望知识，包括好奇心。在这儿，"渴望"不是指人生理上的渴望，而是指儿童对整个世界的渴望。所以巴尔扎克实际上是描写了儿童时期的各种美好，刻画了儿童时期的活力。

我们回想起自己的儿童时光，一定会有巴尔扎克所说的这种感觉。巴尔扎克描写的儿童阶段，实际上是对儿童生活的一种崇敬。为什么？因为巴尔扎克自己的童年过得很不幸。他的父亲是一个商人，只顾着追逐财富，从来不关爱孩子的成长，而母亲因为对婚姻不满，从小就不喜欢巴尔扎克。巴尔扎克是跟着乳母长大的，也许他童年时期对亲情的理解，就是来自乳母对他的关爱。开始上小学以后，他就被送到寄宿学校，跟家人在一起的时光非常少，所以说巴尔扎克的童年是缺少爱和快乐的。

但是正因为如此，巴尔扎克在他著名的《人间喜剧》等很多小说中，都描写了对童年生活的渴望。人的心理常常有一种状态，越得不到什么，就越渴望什么；越是没有经历过什么，就越是会将其描写得更加美好。这就是钱锺书《围城》中所讲的，没有结婚的人向往婚姻，结过婚的人希望跳出围城，希望解除婚姻，实际上是一样的概念。讲完了巴尔扎克的童年，我们再来讲有关童年的另外一些话。

我想引用奥地利精神病学家阿尔弗雷德·阿德勒（Alfred Adler）的一句话。阿德勒是和弗洛伊德名气几乎相同的一个人。他说，"幸运的人一生都被童年治愈，不幸的人一生都在治愈童年"。我觉得这句话说得特别到位。从精神分析的角度来说，一个人如果童年幸福，一生都会幸福；一个人如果童年不幸福，就会拥有不幸的人生。可见，童年对人的一生多么重要。当然，实际上人的童年幸福与否，跟他未来能否取得成就没有必然的联系。比如巴尔扎克，如果没有不幸的童年，也有可能他就成不了这么一个伟大的文学家。他因为有了不幸的童年，对于文学就更加热爱，思想和灵魂都变得更加敏感。所以很难说不幸的童年就跟你未来一生的苦难有必然联系。童年的幸福确实会为一生的幸福打下基础，但是不一定会为一生的成就奠定基础。

在此我想说几点：第一，童年确实是人生最珍贵的阶段，如果一生充盈着关于美好童年的回忆，那将是非常珍贵和幸福的事情。比如我在农村生活的童年，现在回忆起来依然是山清水秀那种感觉。

第二，童年其实是人一生奠定基础的阶段。所以中国有一句话，"三岁看小，七岁看老"，实际上就是指童年的重要性。童年养成的生活习惯、学习习惯，包括人生态度，几乎能决定一辈子大致的方向。童年的经历，确实会影响人一生的心情、脾气、习惯、看法，甚至是才能、特征。就像我刚才说的，巴尔扎克的不幸的童年，反而让他成了一个伟大的作家，有很多人童年很幸福，跟着有学识的父母长大，也能创造巨大的成就。

如果你是父母，一定要对孩子的童年负责任。我觉得作为父母，对孩子的童年影响主要有如下几个要素：第一，要培养孩子的读书兴趣和探索精神；第二，要培养孩子良好的个性；第三，要培养孩子非常好的生活习惯。这几件事特别重要，把孩子带好了，父母的后半辈子将会更加幸福。

日拱一卒

语句解析

dim intelligence：dim 表示朦胧，dim light 是朦胧的灯光，所以 dim intelligence 就是人的智慧刚刚有一点朦胧的开始，童蒙初开。

a burst of strong desire：burst 指突然的爆发。a burst of laugh 就是突然爆发一阵笑声。这里指一种强烈渴望的大爆发。desire 在这里是指人对世界的好奇，以及要无所顾忌，满足自己一切愿望的冲动，也就是所谓的赤子之心。

The sun can make you take off your coat more
quickly than the wind; and kindliness, the friendly
approach and appreciation can make people
change their minds more readily than all the
bluster and storming
in the world.

Dale Carnegie

太阳能比风更快使你脱下外套；
就像温和、友善和赞赏的态度，
相较于咄咄逼人和大声怒吼，更让人愿意改变心意。

——戴尔·卡耐基

✦ 自信 ✦
太阳比风更快让你脱下外套

这句话来自美国著名的成功学和人际关系学大师、西方现代人际关系教育的奠基人戴尔·卡耐基（Dale Carnegie）。我相信大部分人都听说过他的名字，很多人应该读过他的书。他在中国出版的最著名的一本书是《人性的弱点》，英文名是 *How to Win Friends and Influence People*（如何赢得朋友并且影响他人）。

我在大学刚刚毕业的时候就读了这本书，它对我也产生了比较大的影响。因为当时我是一个自卑的人，对自己没有什么信心，也没有成就感。读了他的书以后，我就明白了原来去影响朋友，让自己有影响力，应如何做：应该有自信，应该对人友好，不断地取得成功和更好的成绩。我也根据书中提供的一些原则和方法去慢慢地实践，让自己取得了一些进步。戴尔·卡耐基经历过由自卑的孩子慢慢变成自信的成人的人生历程。他从小长得矮小，又不是很英俊，到了大学以后觉得自己一无是处。但是有一次，他参加了学校的演讲比赛，最后获得了冠军，从此就奠定了自信发展的基础和道路。他后来觉得，应该有很多人都和他一样，对自己没有自信，但其实人的生命总是能够不断地放射出光辉来的，所以他就开始做公众演讲，创立了卡耐基培训。这项培训到现在为止已经有100多年，上到总统，下到普通老百姓，培训了几百万人，参训者或多或少都因为这个培训走向了成功，建立了自信。

我们来讲讲对人的态度问题。第一，我非常同意卡耐基所说的，对人一定要友好，要友善，要用欣赏的态度来对待别人。因为这个世界上无论谁，都希望别人友好地对待自己，都希望自己被人欣赏，所以我们只有用这种态度去对待别人，才能迅速地靠近别人，才能迅速地跟别人成为朋友。

第二，我们跟人打交道，对人友好、与人靠近的同时，其实还得明确人与人之间相处的原则和要求。这原则有社会习俗，有国家法律规定，当然也有人与人之间的约定和契约。因为把原则和要求讲清楚以后，既可以让大家"你好我好大家好"，也能让每个人都明白身上承担的责任和义务。比如，我们常常说公司的老板和员工之间要和谐相处、要平等，但是如果员工跟老板没有任何原则和要求约定，员工最后拖拉懒惰或者是不完成任务，老板也没有办法去问责，公司的运营本身也就会很难。所以人与人相处包括夫妻间相处，一方面是要友好，另一方面双方的责任和义务、原则和要求都要明确，这样两个人长久地打交道，才不会出现激烈的矛盾。

第三，如果其中有一个人在交往中违反了原则要求，可以采取"一二三原则"：一提醒，二提醒，三拉倒。所谓可一可二不可三，如果两个人之间，有一方总是破坏契约、破坏原则、破坏规矩，你一再地妥协让步，只会增加他的坏脾气、坏习惯，毫无疑问最终就得分手。如果再到第四个层次就是，中国有句话叫作"道不同不相为谋"。意思就是，如果我们两人不是一条道上的人，两人观点、意见、原则不一致，我们干脆就分手好了，这个世界上有的是人。所以第五个层次我就把它叫作"天涯何处无芳草"。世界上跟你志同道合的人、和你志趣相投的人有的是，关键是你要走出去寻找，要去碰。在这个世界上不可能你碰上一个人，他就能成为你的爱人，碰上一个人他就能成为你的好朋友，但是通过不断地碰，加上互相之间的契合交往，用友好的态度来对待别人，到最后总能从人群中找出一些跟你"道相同，也可以相谋"的人。

生命中总有一些这样的好朋友永远陪伴着我们，既跟我们一起遵循原则，又跟我们一起友好相待，陪伴我们走在人生的道路上！

日拱一卒

语句解析

take off：脱掉。put on：穿上。
kindliness：来自 kindly，是指对待别人的和善、友善的态度。而 kindness 是指人本身的善良，发自内心的善良。
friendly：形容词，友好的。
approach：有两个意思，一是方法，二是接近、靠近。friendly approach，友好地接近别人。
appreciation：名词，欣赏。我们对别人的语言、行为、态度表示欣赏还可以说"I really appreciated it"。
bluster：狂风。bluster and storming 就是狂风暴雨，bluster 可以指咄咄逼人的态度或者狂怒。

Grown-ups work for things. Grown-ups pay.
Grown-ups suffer consequences.
Gone Girl

成年人会努力争取，成年人会努力付出，
成年人会承担后果。

——《消失的爱人》

✦ 成熟 ✦
你也可以成长为一个优秀的成年人

这个句子选自一部电影《消失的爱人》(*Gone Girl*)。这是一部由大卫·芬奇(David Fincher)执导，本·阿弗莱克(Ben Affleck)主演的惊悚电影。电影讲的是一对夫妻的故事，妻子觉得丈夫不忠，设计了一系列的阴谋行动，让丈夫去承担更多责任。影片通过惊悚的方式讲述了男女之间婚姻的矛盾和痛苦，以及在婚姻中挣扎而不能摆脱的窘境。这有点像钱锺书写的《围城》，只不过《围城》是以一种温和的方式，表达了"在围墙内的人希望到外面去，在围墙外面的人希望到围墙里面去"的婚姻两相矛盾的状态。电影的情节我们不多说，如果想了解，大家可以看看《消失的爱人》这部电影。

这句话我觉得说出了成年人应该有的三种特质：努力争取、努力付出和承担后果。

第一，作为成年人，我们要去为自己的事业、更好的环境、更好的生活而努力奋斗，这就叫作 work for things（努力争取）。也就是说，成年人应该是自我成长型的，应该自我承担作为一个男人或者一个女人应该承担的责任，不应该回避、逃避，不应再去依赖任何人来让自己的生活变得更好，尤其是当我们长大以后，更加不应该依赖父母，而应该独立自主地去生存发展。这是成年人的第一个要素。

第二个要素是 pay（付出），Grown-ups pay（成年人要努力付出）。大家都知道，如果你想要获得成就，想要获得成功，被这个社会认可，毫无疑问你就要去付出。去努力地付出，不光是付出你的钱财，还要付出你的时间、精力、努力、耐心和胸怀，这是我们作为成年人的第二要素。大家都知道所谓没有汗水就没有收获，确实是这样的。如果作为一个成年人懒散闲逛，不愿意付出更多努力，那么也就不可能有收获。

第三，凡是成年人都要承担后果。我们做事情都会产生好的或坏的结果，我们常常因为鲁莽、粗心、胸怀不够、一时冲动或者情绪、欲望等，需要面对坏的结果。但是只要你是 grown-up，只要你是成年人，你就要学会 suffer consequences（承担后果）。不管这个后果多么严重，你都要去承担，因为这就是你自己做出来的事情，你自己引发的后果。有错误我们就要承认，如果需要我们付出钱财、精力、时间，我们就要付出。要学会承担责任，去消除你所带来的坏的后果的影响。不管遇到什么样的境遇，都应该自己努力走出来；不管犯了多大的错误，该承认错误就承认，该道歉就道歉，该承担责任就要承担。

所以我觉得这三句话确实把成年人应该做的三个最重要的事情都说清楚了。但除了这三个特质以外，我还要补充三点。

第一，作为成年人，因为你是成熟的，所以要学会不断地重新起航。我们不能因为遇到点挫折，碰到点困难，遭受点打击，就从此停止进步，或者不再去思考自己人生是不是能够变得更好。我觉得重新起航这件事情，是任何一个成年人都应该学会的。

第二，成年人要有学习能力，要学会不去犯同样的错误，所谓同样的错误不要犯两遍。因为人不像动物那样纯粹靠直觉生存，我们是要靠学习、理解和智慧，避开生命中有陷阱的地方，让我们的生命能够走得更加平坦、更加顺利，走在更加正确的道路上。

第三,一个人不能失去生活和努力的勇气,跟第一条有点相像。所谓的勇气,就是在你面对任何困境,哪怕绝境的时候,依然觉得自己的生命是有价值的,依然觉得自己通过努力是能够走出目前的状态,走向辉煌未来的。

有了勇气以后,不再犯同样的错误,并且时时刻刻都能够重新起航,再加上前面我们所说的要努力奋斗、承担责任,我相信作为一个成熟的成年人能够如此,就已经到了一定的境界,也就能够做出更大的事情了。

日拱一卒

语句解析

grown-up:是由动词 grow up 而来,指成年人。

work for:努力争取、奋斗。I work for great performance. 我努力去争取达到最佳业绩。

pay:这里的 pay 指的是付出劳动、付出心血、付出努力。

suffer consequences:承担后果。consequences 是指你做任何事情所带来的结果,不管是好的结果还是坏的结果都包含。suffer consequences 通常是指要去承担不那么好的后果,就是你要为你的行为负责。

There is a fountain of youth:
it is your mind, your talents,
the creativity you bring to your life
and the lives of the people you love.
When you learn to tap this source,
you will truly have defeated age.

Sophia Loren

世上存在着青春之泉:
这便是你的智慧,你的才华,
你倾注在自己和你爱的人生活中的创造力。
当你学会利用这个源泉时,你就会真正战胜年龄。

——索菲娅·罗兰

✦ 心态 ✦
把奋斗写进青春里

这句话出自意大利的著名女演员索菲娅·罗兰（Sophia Loren）。大家对索菲娅·罗兰应该不陌生，她被认为是最具自然美的女人，是意大利人民心中永远的女神。她演过很多电影，对中国人来说最熟悉的是很早以前放过的《卡桑德拉大桥》。我小时候看过这部电影，当时就被索菲娅·罗兰的形象迷住了。索菲娅·罗兰在20世纪50年代就已经红遍了世界，而且一直青春不老。2000年，千禧年的时候，她以66岁的年龄，击败了多名年轻美貌的超级名模，获选了"千禧美人"。她到了70多岁，还常常跟年轻的女明星一起拍画报，80多岁还能带着家人参加时尚展，参与代言品牌等。总而言之，她一生在娱乐圈长盛不衰。

索菲娅·罗兰是个私生女，她的成长经历是比较艰苦的。幸运的是，她在成长的过程中一直受到母亲的鼓励，在十四五岁的时候被她一生中最重要的人——当时的电影制片人卡洛·庞蒂（Carlo Ponti）看上了，逐渐给她安排各种角色，索菲娅最后成为著名演员。因为相识时间较早，庞蒂在索菲娅的生命中扮演了父亲、丈夫、导师等多种角色。他们之间的爱情如期而至，那时庞蒂有家人，有妻子和孩子，索菲娅·罗兰为了他默默等待了十几年，直到庞蒂离婚以后，他们才终成眷属，并生了两个儿子。2007年，卡洛·庞蒂逝世，索菲娅也没有因此一蹶不振，仍然活得很精彩。到今天为止，她依然是意大利人民心中的女神。讲完了这些,我们再来看她表达的内容,就明白她为什么要说这样的话了。

索菲娅·罗兰本身就是一个战胜了年龄界限和约束的人,这句话表达了她对生命的信念,永远不要因为自己年龄变大,而放弃自己对生命的热爱和对美好的追求。

这句话也让我想起了著名的作家塞缪尔·厄尔曼(Samuel Ullman)所讲,来自《青春》("Youth")这篇文章的一句话。我想大部分人都听过,甚至背过。"Youth is not a time of life; it is a state of mind; it is not a matter of rosy cheeks, red lips and supple knees; it is a matter of the will, a quality of the imagination, a vigor of the emotions; it is the freshness of the deep springs of life."。中国著名的翻译家王佐良先生是这么翻译的:"青春不是年华,而是心境;青春不是桃面丹唇柔膝,而是深沉的意志,恢宏的想象,炙热的情感;青春是生命的深泉在涌流。"这也是说得最好的有关青春的话语。

就我个人而言,我一直感觉到年龄已经越来越大了,但是我依然希望自己保持青春生命的活力。我觉得几个要素非常重要:第一,要不断锻炼自己的身体,让自己的身体能够一直保持在最适合的健康状态。因为尽管身体和灵魂可以从某种意义上分开,但是身体的健康一定能让灵魂更加愉悦。第二,一定要去努力学习新的东西。因为只有不断地接纳新的东西,你才能够跟上世界的前沿思想和时代的发展。第三,要尽可能多地跟年轻人打交道。因为只有不断地跟年轻人打交道,你才会真正从年轻人身上看向未来,而不是总看向过去。大部分老年人只是回忆过去,假如说你一辈子一直在跟老年人打交道的话,是没有未来的。第四,依然要充满梦想和理想,要为自己设计未来。因为有了梦想和理想,你就会为未来奋斗,就会忘了年龄,因此就不会迅速变老。尽管我已经不算年轻了，但是依然有人常常跟我说：俞老师你还是很年轻的，你比你的年龄要年轻很多。我想这可能是恭维话，但是也有可能确实我在努力保持一种青春的心态。就像索菲娅·罗兰所说的那样，保持 fountain of youth，我的 mind、talents、creativity 永远保持年轻状态。

日拱一卒

语句解析

a fountain of youth：fountain 指喷泉或源泉。a fountain of youth，就是青春的源泉。

When you learn to tap this source：source 是源头、源泉，tap 本意是拍打，tap this source 就是去开启或者利用源泉。

defeat：打败；defeated，被打败。

The easiest thing in the world is to come up with an excuse not to do something. I found that the most important thing in life is to stop saying "I wish" and start saying "I will".

David Copperfield

世上最容易的是找借口不做一些事。我发现人生最重要的是停止说"我希望",并开始说"我将会"。

——大卫·科波菲尔

✦ 行动 ✦
不要说"我希望",而说"我将会"

这句话来自美国著名的魔术师大卫·科波菲尔(David Copperfield)。法国作家狄更斯曾经写过一本小说,也叫作 *David Copperfield*,但是这跟魔术师 David Copperfield 没有任何关系。

魔术师大卫·科波菲尔 1956 年出生在美国,是俄罗斯家庭的后裔。他从小学习成绩不怎么样,特别喜欢玩魔术,一头扎进了魔术研究中。到了 12 岁时,他已经能像职业魔术师一样进行熟练的表演,成为魔术协会最年轻的会员。到 16 岁时,他开始在纽约大学为艺术系的学生讲授魔术课程,同时也开创了自己的魔术电视专题节目。由于他创造过无数令人叹为观止的神奇魔术,他被誉为全世界最伟大的魔术师之一。他很有经营头脑,自己因魔术成为亿万富翁。2006 年,他在巴哈马群岛(Bahamas)买了十几座私人岛屿,建起了非常漂亮的度假村。世界上一些著名人物,像比尔·盖茨、脱口秀女王奥普拉,都曾经到他的度假村去度假。他做的最伟大的事情之一,就是开创了魔术治疗疾病的计划。他在全世界 30 多个国家超过 1000 家医院,教医生变一些简单的魔术,或者让病人也学会一些魔术,这样来转移病人在痛苦中的注意力,使病人的心情变得更加愉快,使病人治疗的效果大大提升。我觉得这是一个造福人类的事情,相当于"胜造七级浮屠"。

他是一个非常有意思的伟大人物,我们选的这句话,也反映出科波菲尔自己的人生心态。

确实，在我们人生中最容易的事情就是找借口。因为找借口可以逃避责任，不用承担对某种事情的后果。在工作中，如果出现失误，我们可能会怪别的部门或者是本部门同事，甚至是觉得公司待遇不好，但是从来没去想过自己到底有没有问题，有没有全力以赴地付出努力。在我们的人生中，我们碰到的人，有些就是喜欢抱怨，喜欢把责任归到别人身上，而不是勇于承担责任。凡是不找借口的人，总是更愿意多付出努力，更愿意去承担一份责任，这样的人往往最终反而能够做成事情。

大卫·科波菲尔在这儿所讲的"I wish（我希望）""I will（我将会）"，实际上是根据他自己的人生经历来讲的。他一生创造了很多魔术，很多人都跟他说，魔术怎么能够变得完，你变完一个，要创造第二个，还要创造第三个，大家觉得这是一个特别难的事情。他就跟人说，其实我每次创造一个新魔术的时候，都要苦思冥想好长时间，最后"I will"有一个新的魔术出现，但是如果我不去做的话，就永远不可能有新的魔术出现。所以他说，与其说"I wish"还不如说"I will"，这样的话就是我会去做，下定决心去做，就把事情做好了。

人生中的进步主要来自自己的意愿以及行动。所以我觉得我们要专注于这几个方面：

第一，要专注于自己最喜欢做、最想做的事情。科波菲尔学习成绩不好，如果他坚持学习，估计就是个平庸的学生。但是他进入了魔术界以后，就变成了一个天才的魔术师。所以他专注于自己最想做、最喜欢做的事情。

第二，采取行动去做。科波菲尔这一辈子也没做别的事情，就是不断地变魔术，不断地去设想新的魔术，把新的魔术呈现出来，一点一点地研究。他采取了行动，并且一直行动到今天。

第三，做任何事情，都不要去找太多的借口。尽管有些事情确实是因外在的环境不好而做不成，但是总有让自己做成的事情，没有必要太多地抱怨别人，也没有必要太多地抱怨世界。因为这个世界本身就从来没有完美过，合作也从来没有完美过。

第四，一定要有这样一个心理暗示：千万不要觉得我不行，或者那就算了吧；而是一定要说，只要你下定决心做事情，只要没走到最绝望的那一步，就一定要说"I will""I can"，我一定能，我一定能够做到。这样的话，我们也许此生才能够做点事情。

日拱一卒

语句解析

come up with：表示提出、想出。比如 He came up with a new idea for increasing sales（他想出了一个增加销售额的新主意）。come up with an idea，想到了一个主意；come up with an excuse，意思是想到了一个借口。

Some people want it to happen,
some wish it would happen,
others make it happen.

Michael Jordan

有些人想要它发生，有些人希望它发生，其他人使它发生。

——迈克尔·乔丹

✦ 实现 ✦
不只做梦，更要 Make It Happen

　　这句话来自美国著名的篮球明星迈克尔·乔丹（Michael Jordan）。说起乔丹，可以说是无人不知，无人不晓，他不光是美国人民心目中的英雄，中国的青少年，甚至包括像我这一代人，都对他有无限的欣赏。乔丹出生于 1963 年，我是 1962 年，我们差不多是同龄人。当然我就没法跟乔丹相比了，乔丹在世界篮球界具有奇迹效应，到今天还影响着世界篮球，尤其是美国职业篮球联盟（NBA），几乎所有篮球队员都在对乔丹精神和技术进行模仿和学习。乔丹个子只有 1.98 米，跟很多美国职业篮球队的球员比还差了十几厘米，但毫无疑问他是一个篮球天才，是一个身手灵活、弹性十足、空中滞留能力非常强的人。他的每一个动作都让人惊叹、无比优美，他成了美国的篮球之神。

　　乔丹能有今天的成就，并不是完全出于天赋，后天的努力也起到了非常大的作用。我们来看他说的这句话："Some people want it to happen, some wish it would happen, others make it happen."。这句话翻译过来是："有些人想要它发生，有些人希望它发生，其他人使它发生。"这个"它"是指人生的目标、人生想要的东西，不管是荣耀、成功还是其他东西。

　　这句话说透了很多人的一生。我们稍微想一下就会发现，生命中有太多想要的东西，但是实际上很多只是我们脑袋中想想，内心憧憬一下，有的时候做一点白日梦而已。但是真的下手去做，真正 make it happen（使它发生），能够通过行动来证明自己的人确实非常少。

对于我们来说有三点要记住。第一点，人想要或希望做事情本身是好的，但是这只是给自己的人生找了个方向，找到一个行动指南而已。你想要找个女朋友，想要把这本书读完，希望得到学位，期望取得成功，成为创业者，渴望未来成为百万富翁，这些都是你想要的。你想要的东西，别人或许也想要，它们都是好东西，都是稀缺资源。很多东西一旦进入稀缺资源的状态，想要得到的人就只能去参与竞争。你要我要大家都要，到底谁能够最后取得，就要涉及第二点：真正重要的，你想要的东西要变成现实，就要 make it happen（使它发生），要去参与，要去努力。我们大部分人的弱点就是想得太多做得太少，就是仰望星空太多，脚踏实地太少。实际上人生有的时候想得不用太多，要去做才是最重要的。你第一步取得了成功，自然就能看到第二步在哪里；第二步取得了成功，自然就能看到第三步在哪里……就这样一步一步做下去，也许就会走出与众不同的人生，远远超出你自己能够想象的距离的人生。

第三点，不管是你想要还是希望，一定是从某种意义上让你人生层次上升的东西。你想要玩，想要打游戏，就有可能把人生层次往下拉；你想要睡觉，想要懒惰，那也不可能让你的生命取得太大进步。所以挑选好道路，选择好方向，确定好让自己能够长进的东西才是最重要的。通过这样的挑选，我们坚持下去，最后就一定能够有所成就。这种成就才会给我们带来进一步的希望，以及自己再次取得成就的信心和决心，使人生一步一步、一个成就接着一个成就地走下去，慢慢变得越来越有意义、越来越辉煌。我们用迈克尔·乔丹的这句话，祝大家在 make it happen 的道路上继续努力，就像迈克尔·乔丹一样，投一个球进一个球，一生取得无数的荣耀。给我们带来最大触动的，还是他在球场上灵活的、跳跃的、优美的投篮姿势。迈克尔·乔丹给我们树立了一个真正的标杆和典范。

迈克尔·乔丹到今天为止还是美国运动员中收入最高的，他除了会打球，还有商业头脑。当时耐克设计了一款鞋叫作"空中飞人"（Air Jordan），跟他签约的时候，告诉他可以选择一次性支付多少美元，或者每卖一双鞋他可以提成多少，乔丹选择了第二个方案。到今天为止，"空中飞人"依然年销售额能达到几十亿美元，而乔丹每年仅仅分红就达到几千万美元。可见乔丹并不是一个只会打球的人。他的智商加上他的苦练，加上他的天分，让他最后取得了今天不凡的成就。

Now you can know everything in the world, sport, but the only way you're finding out that one is by giving it a shot.

Good Will Hunting

你可以了解世间万物，朋友，
但搞清事物的唯一途径是亲身尝试。

——《心灵捕手》

✦ 尝试 ✦
搞清事物的唯一途径是亲身尝试

这句话来自美国电影《心灵捕手》,英文叫作 *Good Will Hunting*。这部电影讲的是一个叫威尔·亨廷(Will Hunting)的年轻人的两面性:一方面他是个数学天才,他非常热爱学习,特别热爱数学;另一方面他又是一个非常敏感自卑的人,因为从小他失去了家庭的温暖,所以个性中有敏感自卑的一面。他总是通过过分行为甚至违法行为来彰显自己浑身是刺的一面。同时,他对人不信任,不相信能和人建立良好的关系,也不相信别人会看得起自己,即使面对自己喜欢的女孩,也不敢进一步确立恋爱关系。遇到现实生活中可能需要他勇往直前的时刻,他又总是不断地往后退。

我们这里讲的这句话,是给他做心理辅导的希恩教授鼓励他勇敢尝试时说的一段话。像威尔这样的人在我们生命中也常会遇到,那些表面上是刺儿头,越是你说什么就越跟你杠着、跟你对着干的人,其实往往内心越自卑、越敏感。

第一个感悟,人生中最重要的东西,就是不断去尝试,就是 always give it a shot(亲身尝试)。任何东西只有你不断试过,才知道到底适不适合自己。比如,学专业我们要试,喜欢某个人我们要试,创业我们也要试,因为你只有试了才知道。我们常常并不知道自己的潜力在什么地方,也常常不太能搞清楚我们的长项和短处在哪里。苏格拉底曾说过,人最重要的就是 know yourself(认识你自己)。

怎么认识自己呢?一方面我们当然需要冷静地去思考自己的长处

和短处。如果通过思考和理性的分析,你能够抓住自己的长处和短处,不断地发挥长处,规避短处,那它毫无疑问是件很好的事情。但另一方面,我们只有通过试验,才能知道自己是不是有这方面的能力。举个简单的例子,我在大学的时候从来没有当过班干部,也就是我从来没有领导过人,并且一直自认为是一个追随者,不可能是个引领者。但是后来做了新东方后,没有办法了,因为自己创业以后你只能做引领者。我逐渐发现带一帮人往前走的时候好像也不那么吃力,而且大家也愿意服我管,或者跟我一起努力前行,我也逐渐体现出了一些领导者和管理者的素质和特征,直到今天我还在带领着新东方继续前行。我觉得我的领导力并不十分强大,但是至少有一些。我对领导力的自我认知,就是来自我做了新东方。我敢肯定的是,如果我一直留在北大当老师,我今天还是一个追随者,而不可能变成一个引领者。所以这是要去试了以后才知道的,就是 give yourself a shot。

创业也是这样的。我在做新东方之前,从没认为自己能做出这么大的一个企业来。但是我试了以后,逐步发现能力也会不断地积累,个人的才华也会不断地被培养起来。在这个过程中,你就会发现自己变得越来越能干,创业的思路也越来越清晰,自然慢慢就能把事情做好。事情绝对不是 overnight(一夜之间)就能做好的,而是你进入以后一点点尝试出来的。很多伟大的创业都是从零开始,或者从一点点小事开始的。我们非常熟悉的亚马逊(Amazon),实际上只是来自贝索斯的一个想法:书可能能够在网上卖,而不一定要在实体店卖。而且书是标准化的产品,在哪儿卖都是一样的。现在亚马逊已经卖了无数的东西,也是全世界云服务做得最好的。

所以人生是一个不断尝试的过程。与其坐在房间里空想,不如给自己一个机会先从一点小事做起,give yourself a shot。

日拱一卒

语句解析

sport：体育运动，在俚语、口语中表示"朋友、伙伴、哥们儿"。

give it a shot：意思是去试一试、尝试。比如"You are not really qualified for this job, but I like you, so I will give you a shot.",这句话的意思是"你确实不适合这份工作,但我喜欢你,所以我会给你一个机会"。

Courage is not a man with a gun in his hand. It's knowing you're licked before you begin but you begin anyway and you see it through no matter what.

Harper Lee, To Kill A Mockingbird

勇敢并不是一个人手中拿着枪，而是当你还未开始就已知道自己会输，可你依然要去做，而且无论如何都要把它坚持到底。

——哈珀·李，《杀死一只知更鸟》

✦ 勇敢 ✦
勇敢的人先享受世界

这里我们要讲一个关于勇敢的话题。说到勇敢,我们很多人都会想到在战场上冲锋陷阵的战士是非常勇敢的。但在和平时代,我们也常常要面对勇敢的话题。我们要讲的这个句子是来自哈珀·李(Harper Lee)写的著名小说《杀死一只知更鸟》(*To Kill A Mockingbird*)。我相信不少人一定读过这部小说。

我觉得这句话对勇敢的定义特别精到。因为如果任何事情都确保完美、确保我们必然能够做成再去做,这不算勇敢,这也不算冒险。只有当你明明知道你有可能会输,却一定要去尝试,并且勇敢地往前走时,才叫作真正愿意勇敢地去面对自己的生活。勇敢是在内心有恐惧的情况下,仍然坚持去做那件自己认为不得不做的事情。克服内心的恐惧,才是真正的勇敢。

在我自己的生命中,有过很多次面对一些事情的时候产生害怕,甚至恐惧的情况。但是扪心自问,这件事情如果是不得不做的,是必须做的,那么只有做了才是对自己更好的交代。有一次我滑雪的时候,把右腿给摔断了。我的右腿长好以后,再扛着滑雪板上雪道,爬到顶端的时候,我看着下面的雪道,死活都不敢滑下去。那个时候我就告诉自己,如果这次你不能克服对于雪道的恐惧,这辈子就再也不可能在雪道上滑行。所以最终我一咬牙一跺脚,在内心充满了恐惧的情况下,依然从最难的雪道上滑了下去。通过这个行为,我克服了自己内心的恐惧。

还有一个对于勇敢的定义我也非常欣赏。这句话说,一个人坚持良心良知，不为自身利益去伤害别人，也不为外界的压迫扭曲自己的良心，那也是一种勇敢。大家都知道一个人一辈子坚守某种道德底线，在利益的诱惑、外界的某种胁迫下，都不愿意去违背自己的良心良知，是一件了不起的事情。

所以，勇敢对于我们来说，绝对不只是在战场上去冲杀时，面对敌人的一瞬间的勇敢，其实我们每天都在面临勇敢的选择。比如要不要放弃一个稳定的工作去创业，这需要勇敢；离开非常熟悉的城市，来到一个陌生的城市，是一种勇敢；离开非常熟悉的国度，走向异国他乡谋求生计，也是一种勇敢。

所以勇敢有很多很多方面。我觉得一个人最大的勇敢，就是勇于探索未知世界。不管内心充满多大的恐惧，依然对未知世界充满渴望，并且明知在走向未知世界的过程中，一定会遇到很多艰难险阻。尽管内心害怕，但是你知道必须面对它们，就是"It's knowing you're licked before you begin but you begin anyway and you see it through no matter what（当你还未开始就已知道自己会输，可你依然要去做，而且无论如何都要把它坚持到底）"。

不管发生什么（no matter what），你依然勇敢向前走，你就是人生的赢家。

日拱一卒

语句解析

lick：原意为"舔"，这里引申为"打败"。
see it through：看透。

The most difficult thing is the decision to act,
the rest is merely tenacity.

Amelia Mary Earhart

最困难的是下决定,剩下的只是坚持。

——阿梅莉亚 · 玛丽 · 埃尔哈特

✦ 探索 ✦
决心要做，就拼命坚持

我分享的这句话来自美国的女飞行员阿梅莉亚·玛丽·埃尔哈特（Amelia Mary Earhart），我相信凡是早年考过托福的人都能够记得阿梅莉亚，因为托福的阅读理解材料专门介绍过阿梅莉亚的飞行故事。

阿梅莉亚是美国一位著名的女飞行员。她不一定是第一位女飞行员，但是她创造了很多第一：第一位独自飞越大西洋的女飞行员；第一位独自买了自己的第一架飞机，并且创造了一万四千英尺高度的飞行纪录的飞行员；第一个单人从夏威夷飞到美国本土的飞行员。在美国的飞行历史上，阿梅莉亚成为一个传奇。非常不幸的是，在1937年她做首次环球飞行的时候，她驾驶的飞机在太平洋上空消失了。后来搜寻了很长时间，也没有搜寻到飞机和阿梅莉亚的踪影，最后官方正式宣布阿梅莉亚遇难。

阿梅莉亚是一个特别值得钦佩的人，她身上体现了人类对未知领域的探索所要拥有的一种精神。尽管她每次起飞的时候都知道，也许途中充满了各种艰险，也许要以生命为代价，但是她依然毫不犹豫地开始独自飞行的航程。我们都知道有时候勇敢和探索是要用生命来作为代价的，阿梅莉亚用她的生命告诉了我们，一个人的探索需要多大的勇气。

这句话也说出了这样的真理：我们最难的其实就是下决心去做某事，一旦做出了决定，毫不犹豫地坚持下去，一般结果就会比较好。

我们常常说一个人做事情，到最后最常见的就是半途而废。其实最容易出两种问题：第一就是不做决定。一会儿想这样，一会儿想那样，永远不朝一个方向走，永远在拐弯，那么也就永远到不了远方。第二就是不坚持下去。做了一会儿就觉得累了、困了，或者是付出太多了，就不再坚持了。所以我们常常是下决心容易，坚持下去难，这样就会使我们做事情时，常常做不到极致、最有成就的状态。

这句话也让我想起了阿杜的一首歌《坚持到底》，我相信不少人都会唱。他说，"不管有多苦，我会全心全力爱你到底……是你让我看透生命这东西，四个字：坚持到底"。这句歌词意思是人生的很多奥秘，都在"坚持到底"这四个字里面。我记得毛泽东也说过一句话："下苦功，三个字，一个叫下，一个叫苦，一个叫功，一定要振作精神，下苦功。""下"其实就是做决定要行动，"苦"和"功"就是拼命地坚持，顽强地坚持下去。只要一个人肯下苦功，最后必然会有所成就。也希望我们各位读者能够在对自己的梦想下了决心要行动以后，坚持下去，终会成功。

日拱一卒

语句解析

tenacity：顽固地坚持下去，来自形容词 tenacious。

The biggest risk is not taking any risk…
In a world that changing really quickly,
the only strategy that is guaranteed
to fail is not taking risks.

Mark Elliot Zuckerberg

不冒任何风险才是最大的风险……
在瞬息万变的世界中,
必然会失败的唯一做法就是不冒险。

——马克 · 艾略特 · 扎克伯格

◆ 机遇 ◆
不冒任何风险才是人生最大的风险

这句话来自扎克伯格（Zuckerberg），他是美国最大的社交网站Facebook（脸书）的创办人。

扎克伯格创办脸书的过程也是比较具有传奇色彩的。他当时只是哈佛大学计算机系的学生，在大学宿舍里面创办了Facebook。

之所以叫Facebook，就是为了把人的脸，尤其是哈佛大学漂亮女孩的脸放在网站上，让大家去欣赏，去交流（情节参考电影《社交网络》）。但是短短数年时间，脸书从一个校园网络平台变成了全美国，乃至全世界最大的社交网络系统，也从看脸这样一个狭窄的领域，走向了多维度的社交帝国。

脸书对于世界的影响，不仅仅在于它现在已经有数十亿网民在上面注册，进行各种思想的交流，更重要的是它打开了世界文化、文明讨论的通道。毫无疑问，它对中国的社交网络也产生了重大的影响。腾讯的微信在某种意义上也有来自脸书的启示。

扎克伯格作为一个非常年轻的企业家，又非常有勇气。在脸书上市以后，他花了十亿美元收购了Instagram（照片墙）。现在全球最大的前五家社交网站有三家都属于脸书。

毫无疑问，扎克伯格是互联网时代的一个少年英雄。大概在2012年的时候，我曾经到过脸书总部，当时脸书还在很小的一个办公区里。我们看到了扎克伯格，他给我们做了一个小时左右的演讲。他的老婆是华裔，当时他正在努力学汉语，所以尽力想用汉语跟我们交流。

后来他到了清华大学，用汉语做了演讲。尽管不够流畅，但是大家可以看到这样一个人的个性特征，他对一切不知道的东西，都感到好奇，努力想要使自己获得某种成就感。其实从表面上看扎克伯格就像一个普通大学生一样，穿着T恤，看不出来他有什么高屋建瓴的企业思维，以及企业家的格局。但自古英雄出少年，人往往不可貌相也不论年龄。扎克伯格的演讲也给我带来了比较大的启示和震撼，他是企业界的一个奇迹。

我们来讲一下扎克伯格所讲的这句话的意思。这也许正是他自己做脸书的一种写照，因为他为了脸书，和比尔·盖茨一样，在大三的时候从哈佛大学休学，最后创办了这样一个巨大的公司。

其实人不可能永远有一帆风顺的生命轨迹，即使一天到晚待在一个房间里，这个房间也有一天可能突然因为地震而倒塌。换句话说，即使你一天到晚行走在悬崖峭壁上，也不一定会掉到悬崖下面。所以对于人生来说，往往是很多超越舒适区的努力，才促成了可能造就的奇迹！设想一下，如果当时扎克伯格不离开哈佛大学，一直在哈佛大学读书然后毕业，觉得脸书就是一个好玩的小游戏，那么脸书就永远不可能走出哈佛大学。所以对于任何一个人来说，离开原来的舒适环境一定是一种冒险，但是这样的冒险有可能会带来更多的勇气和更多的机会。

我当初离开北大的时候，就有很多人跟我说，老俞你还是不要离开北大，北大那么好，上课也很轻松，也能活下去，干吗非要离开北大。但是我当时还是下定决心，觉得在北大待着，第一是情感上已经不舒服了，第二是生活过分舒适，反而导致我失去了未来奋斗的动力。最后决定离开北大以后出来创办新东方，毫无疑问这也算是一个小小的冒险。但是这次冒险最终给我带来了新东方这个非常好的事业平台。

我本人非常喜欢去滑雪或者骑马，这个也是很冒险的，因为骑马摔下来或者滑雪不熟练很容易把自己骨头摔断。但就是在这样挑战的过程中，会体验到在别的运动中很难体验到的那种人生的快乐和潇洒，而这种快乐潇洒反过来会让人更愿意在日常生活中去付出努力。你知道所有这一切都是付出努力所带来的结果！

毫无疑问，做企业本身的任何一个决定都可能是冒险的。投多少钱在什么领域，开创一个新的项目，动用一个新的团队，在一定程度上都是很冒险的事情。但正是这样的冒险会带来不同的收获，当然这是想清楚了的冒险，不是疯狂地、没有理智地去冒险。没有理智地喝上三斤白酒，这不叫冒险，这叫找死；明明跳下悬崖峭壁会死，非要往下跳，这也是找死。但是在理性地考虑以后，用自己的勇气去开拓新的视野、新的业务、新的人生，这样的冒险无论如何是值得的，只会让我们的生命更加精彩，即使遇到艰难困苦，也是一种收获。

日拱一卒

语句解析

not taking any risk：合起来当作表语。所以 the biggest risk is 后面紧跟着 not taking any risk，不冒任何风险才是最大的风险。

the only strategy：strategy，做事情的策略或者企业战略。

be guaranteed to：必然的，保证会出现什么情况。所以唯一保证会失败的战略，is not taking risks，就是不去冒任何风险。

Don't put limitations on yourself.
Other people will do that for you,
don't do it to yourself,
don't bet against yourself. And take risks.

James Cameron

別为自己设限，这点别人会帮你做，
千万别自己做，千万不要赌自己会输，去冒险吧。

——詹姆斯·卡梅隆

✦ 突破 ✦
别给自己的人生设限

这句话来自好莱坞著名导演詹姆斯·卡梅隆（James Cameron）在 TED 大会上的演讲。

詹姆斯·卡梅隆到底是谁，我们只要说他导演的两三部片子，大家就应该明白了。我想大家一定都看过这两部片子：第一部是《泰坦尼克号》（Titanic），第二部是大家非常熟悉的《阿凡达》（Avatar）。说到这两部电影，大家就知道他是一个特别了不起的导演。

TED 大家都非常熟悉，它是 Technology、Entertainment、Design 的简称，后来成为全世界著名的演讲大会的简称（TED 大会）。

TED 大会有句著名的话，我相信大部分人都知道，叫作"Ideas worth spreading"（值得传播的思想）。因为在 TED 大会上演讲的人，都是全球有比较突出成就的人选，通常演讲都是用英语来进行。

本文所选的这个句子实际上是一句鼓励的话语，这就是他演讲的主题：要突破自我。

我们常常说，动物是有领地意识的。比如，一头老虎占据两个山头以后，如果有丰富的食物，它就不会走到第三个山头。我们熟悉的还有跳蚤的故事。你把一个跳蚤放在一个玻璃瓶里面，上面盖上盖子，它跳啊跳，总是被盖子拍下去，最后把盖子拧掉以后，跳蚤也不会跳到瓶盖的高度。这是因为它内心已经产生了自我暗示，跳到那个高度就会被拍下来。其实跳蚤能够跳的高度是远远高于瓶子的。

我们在现实世界中，常常因为外界的习俗、环境，以及周围人的眼光，put limitations on ourselves（对自己设限）。但是设限对我们来说，其实就是限制了生命的扩张性，也限制了生命的奇迹。因为人只有不断地走出去，翻越地平线，才能看到另外一种风光。往往周围的人会想要限制我们，如家人希望我们安宁，领导希望我们安分守己，等等。但是实际上正是这样的限制，使我们的生命不能迈出最关键的那几步。所以他说，"Other people will do that for you, don't do it to yourself"，意思就是自己千万不要再给自己设限，生命本身就已经被限制那么多了，自己再设限就被困在原地不动了。

同时你一定不要对自己失去信心，千万不要认为自己是做不了事情的。我常常说，在农村的时候，我绝对不会想到我能考到北大；进了北大，没想到我会成为北大的老师；后来从北大出来，我也没想到我能做新东方。从13个学生做起，做到能在美国纽交所上市的公司，并且到今天还在不断发展。总而言之，这就是一个不断突破的过程，所以不要把自己的潜力限制住。要take risks（不断去冒险），冒险总会给我们的生命带来精彩。

在这个演讲中，他还有一句话流传得比较广："Failure is an option, but fear is not.（失败也许是你的选择，但是恐惧或者畏惧一定不是。）"这句话内在的含义就是，我们要去做事情，哪怕失败了，它也是你一种主动的选择，在失败中你能学到东西，所以它是an option（选择）。但是 fear is not，恐惧它就不是一种选择，也许恐惧来自内心，也许恐惧来自外界的某种威胁，但是当你内心产生恐惧时，你的生命就受到了限制，所以我们要摆脱恐惧，不怕失败。

日拱一卒

语句解析

limitation：局限、限制。put limitations on，就是把什么局限在什么范围之内。

Other people will do that for you：别人会把限制放在你身上。

don't do it to yourself：不要对自己做某事。

bet against：bet 是打赌，bet against yourself 就是打赌自己会输，打赌自己赢不了，打赌自己身上不可能发生奇迹或者发生什么事情。所以 don't bet against yourself 就是不要打赌自己身上不可能发生奇迹，不要打赌自己会输。

Countless choices define our fate, each choice, each moment, a ripple in a river of time. Enough ripples and you change the tide, for the future is never truly set.

(*X-Men: Days of Future Past*)

无数的选择决定了我们的命运。
每一次选择,每一个时刻,都是时间河流中的一道涟漪。
足够多的涟漪就可以改变河流的流向,
因为未来从来不会是确定好的。

——《X战警:逆转未来》

✦ 决定 ✦
无数的选择决定了我们的命运

《X战警》拍了一系列的电影,都比较成功。这个句子来自《X战警:逆转未来》(*X-Men: Days of Future Past*)。《X战警:逆转未来》主要讲的是X战警改变自身命运的故事。变种人群遭到了人类研发机器人的追杀,面临灭顶之灾,后来通过各种各样的方法,电影中的一些人物回到了过去,来扭转未来的局势。

这是一个改变命运的故事,我们选的句子也跟改变命运有关系。它来自电影中的一段对话,对话是前后呼应的。在前面的故事情节中,年轻的汉克·麦考伊(Hank McCoy)曾经说过一句话,大概意思是,量子论里有一种理论认为时间是永恒的,就像河流一样,所以你把一块石头扔进河里会产生涟漪,但是最后水面终将恢复平静。无论你做什么,河流还是朝着同样的方向流,你没法改变自己的命运。最后,变种人确实做到了逆转未来,改变了自身的命运。在影片结尾的时候,有一段旁白是跟电影中的情节呼应的,就是我们选的这个句子。

这句话还是很振奋人心的,这里面包含了两个层面的含义:第一个层面,人类终将做出选择,或者说任何人都要做出选择。不管我们身处绝境,还是面向未来觉得命运已定,我们依然要做出能够改变自己命运并且为之奋斗的选择。为什么?因为只有无数的选择加在一起,才能够决定我们的命运。第二个层面,当我们选择的尺度足够大,所付出的努力足够多,我们的未来总是能够被改变的。因为在面向未来的时候，没有任何东西是真正被固定好的。

这句话给我们的启示也很简单。第一，我们的生命总是在选择中度过。当然，从某种意义上来说，我们要做的是正向选择，就是能让我们的命运变好的选择，坚韧不拔地去改变自己命运的选择。我们生命中有大的选择，也有小的选择。大的选择，比如说像我选择坚持三年高考，选择从北大出来，选择做新东方，都是比较大的选择。但是我们其实每一天、每一周都在面临小的选择。比如就一天而言，你今天是选择只打游戏，选择在闲逛中让时间流逝，还是选择读完一本书，选择和他人进行一次有意义的讨论？我觉得所有这些小的选择，合起来构成了我们未来真正的命运。所以对我们来说不管是大还是小，每一个选择都是至关重要的。任何选择加起来，到最后都会形成一种动能，形成一种势头，就是 the tide（潮流）。

在我个人的体会中，我们不能做出互相抵消的选择。如果你做出了一个正能量的选择，然后又做了一个负能量的选择，那最后你的选择是被抵消掉的。这种能量的抵消和消耗将使你最后变得一事无成。

第二，我们内心要产生一种深刻的信念，未来或许大部分情况下是由我们自己来决定的，由我们的人生态度决定，由我们的选择决定。不要以为命运是不变的，也不要以为未来是固定的，我们此时此刻的每一次选择，都给未来带来了一点变化的能量。当我们的选择足够好，努力足够多以后，改变未来的能量就足够强大，到最后就能改变我们的未来！所以有了这样的信念在心中，即使我们现在处于任何困境中，都不要紧。要紧的是，在这种崩溃、绝望和痛苦中，我们依然能够做出改变，做出使未来变得更好的选择和行动。

When you want something, all the universe
conspires in helping you to achieve it.

Paulo Coelho, The Alchemist

当你真心渴望某样东西时,
整个宇宙都会联合起来帮你。

——保罗·柯艾略,《牧羊少年奇幻之旅》

·经历·
没有一颗心因为追求梦想而受伤

这句话来自巴西作家保罗·柯艾略（Paulo Coelho）的长篇小说《牧羊少年奇幻之旅》。这本小说的英文名字叫作 *The Alchemist*，相当于"炼金术士"的意思。

《牧羊少年奇幻之旅》是一部少年追求梦想的寓言故事，讲述了西班牙牧羊少年圣地亚哥梦中连续两次出现同样画面，梦见在金字塔边上藏了一批宝藏。他为了去寻找这批宝藏，卖掉了羊群，千辛万苦一路向南，中途遇到了各种各样、千奇百怪的故事，包括被抢夺、偶遇难民、遇到炼金术士等，也遇到了各种各样帮助他的人。他在沙漠中邂逅了自己喜欢的小女孩，最后终于到了金字塔边上，但没有找到他想要的那个宝藏。最终人们告诉他，你回到你自己原来住的地方，在那个破碎的教堂里面，宝藏就在下面。后来他重新回到了自己做梦的地方，终于挖出了宝藏，跟自己心爱的女孩相爱、结婚，从此生活在一起。

这是一部寓言小说，第一个寓意就是，当你有了梦想以后要不惜一切代价去追求。第二个寓意就是，其实你想要的东西就在你的身边，就在你的心中，但是不去经历这个世界上的一圈历程的话，你永远不能找到就在你身边的那些宝藏。人的一生其实就是在不断寻找自我实现的过程，不管是思想上的自我实现、心灵上的自我实现，还是财富上的自我实现。但自我实现的途径，要从你的出发地开始走到很远的地方。只有从很远的地方重新回归到你的内心，才会发现世界其实是一个完美的圈，在围绕这个圈行进的过程中，你所有的经历都将会变成你最珍贵的回忆和宝藏。

除了我们刚才读到的这句话，这本小说中的另外两句话我也想跟大家分享，也是我非常喜欢的。第一句是："The secret is here in the present. If you pay attention to the present, you can improve upon it. And, if you improve on the present, what comes later will also be better."。这句话的意思也很简单，就是说所有的秘密就是在当下，就是在此时此刻，要是你关注当下的话，你就能改变当下，改善当下。要是你改善了当下，那么未来就一定会变得更好。这句话我觉得说得非常对，我们每一天过好了，未来一定就会过得更好。

还有一句话是："The fear of suffering is worse than the suffering itself. And no heart has ever suffered when it goes in search of its dreams."。这句话的意思是：对于受苦受难的恐惧，要比受苦受难本身更加糟糕，但是当一颗心去追逐自己的梦想的时候，它是绝对不会受苦受难的。我们知道，任何追逐梦想的人都会有更加坚定的心志和意志，更加义无反顾的精神。有了这样的精神以后，人们的心灵就不会再被苦难所困扰。如果说你本身害怕受苦受难，再也不想去经历磨砺，那么人生就会是一片空白。

日拱一卒

语句解析

conspire：动词。conspire 可以是联合起来搞阴谋，在这里是联合所有的力量、凝聚宇宙中的神秘力量的意思，all the universe conspires。conspire in doing sth.，这种力量会联合起来帮助你去取得某种东西，达到某种目标。

We do not need magic to change the world,
we carry all the power we need inside ourselves
already: we have the power to imagine better.

J. K. Rowling

我们不需要魔法来改变世界,

我们自己体内就有这样的力量:

我们有能力梦想,让这个世界变得更美好。

——J. K. 罗琳

✦ 梦想、想象力 ✦
想象力是最神奇的魔法

这句话来自 J. K. 罗琳（J. K. Rowling）。大家可能都知道《哈利·波特》，不是读过书，就是看过电影。J. K. 罗琳就是《哈利·波特》的作者。

这句话是 J. K. 罗琳在 2008 年哈佛大学的毕业演讲中讲的一句话，当时她的演讲主题英文是 "The Fringe Benefits of Failure, and the Importance of Imagination"。整个主题讲的就是"失败的意外好处和想象力的重要性"。因为 J. K. 罗琳一直认为，人生的失败特别重要，想象力也特别重要，这两个东西像一个人的两个翅膀，能把人不断地带向更高的、更加成功的境地。

这句话讲了一个人的人生应当不断向前的真理。我们常常把这个世界上的人分成两种：一种人希望外界的某种东西能够来帮助自己，另一种人内心总是能够拥有足够的力量来推动自己。

那种总是期待外在的某种力量来让自己变得更好的人，常常会非常失望。有的人想嫁个富人让自己一辈子富有，或者说投靠一个领导能有一份好工作等，这样的想法都是依靠某种外在力量。我们有的时候总是热衷于买股票和债券，希望天上掉下馅饼，自己突然就发大财了。这些都是 need magic to change your life（需要魔法来改变生活）。need magic to change，魔法这种东西大家都知道是不靠谱的。

我们常常看到，最终成功的人总是 carry all the power we need

inside ourselves（自己体内就有这样的力量）。自驱型的人内心有足够的力量，不管生活中遇到什么场景，总会 have the power to imagine better（我们有能力梦想，让这个世界变得更美好）。这句话也让我想起了新东方校训，"A better you, A bigger world"，一个"更好的你，更大的世界"，你只有不断把自己变得更好，期许自己变得更好，你的世界才会变得更大。

这个演讲在哈佛大学引起轰动，学生听了以后也很受激励。J.K. 罗琳自己实际上就是一个从小不受父母尤其是父亲待见的人，她就只能一个人坐在自己的小房间里想象着各种自己人生之外的世界。而且她的婚姻也不是那么幸福，孩子刚三个月大时就离婚了。在她觉得自己人生一无是处的时候，有一次在旅途中乘坐的火车上，她突然发现一个瘦弱的、戴着眼镜的黑发小巫师老在她眼前闪耀，这个小巫师就是后来的哈利·波特（Harry Potter）的形象，这就是这本书的起源。J. K. 罗琳后来一发不可收，写了一本又一本，把自己的想象力尽情地发挥出来，可以说她是用想象力取得成功的最典型的例子。这当然也为她带来了很多的财富，但是她其实对钱不是那么感兴趣，她总共大概捐了 1.6 亿美元用在各种慈善事业上。

讲到最后，我们再来分享在这个演讲的最后部分的也很精彩的一句话。这句话是这么说的："As is a tale, so is life: not how long it is, but how good it is, is what matters."。意思是："就像童话故事一样，生命也是一样的，不在乎有多长，而在乎有多好，因为只有好才是真正重要的。"我们每个人的生命或长或短，但是生活的每一天都要让它变得更好，这才是人生的意义所在。

日拱一卒

语句解析

fringe benefits：额外的、意想不到的好处。fringe 就是我们现在口语中的一点点，或者是头发前面的刘海那一点，所以 fringe benefits 意思就是意外的好处。

老俞书单

1. 《格列佛游记》

2. 《人间喜剧》

3. 《围城》

4. 《人性的弱点》

5. 《杀死一只知更鸟》

6. 《牧羊少年奇幻之旅》

7. 《哈利·波特》

老俞影单

1. 《当幸福来敲门》

2. 《中国合伙人》

3. 《消失的爱人》

4. 《卡桑德拉大桥》

5. 《心灵捕手》

6. 《社交网络》

7. 《泰坦尼克号》

8. 《阿凡达》

9. 《X战警：逆转未来》

2 PART | 人生，笑着向前走

Love is the one thing that we're capable of perceiving that transcends time and space.

Interstellar

爱是唯一可以超越时间与空间的维度让我们感知到的事物。

——《星际穿越》

✦ 情感 ✦
爱无处不在，爱随时随地

  这句话来自一部著名的电影 *Interstellar*，翻译成中文叫作《星际穿越》。这句话来自电影中的女主角布兰德，她希望她的队员们能同意一起去寻找她的恋人所在的星球。因为她的恋人已经在宇宙中消失十年，而女主角仍然深爱着对方，不肯放弃。尽管最后她的队员们没有同意去寻找她的恋人，但是她说的一番话还是让大家很感动。

  《星际穿越》讲的是人类地球环境恶化以后，希望去寻找另外一个星球居住的故事。男主角库珀（Cooper）作为宇航员选择了承担寻找新的星球的责任，故事情节中的父女情深也非常让人感动。如果你没看过这部电影的话，可以找时间看看。

  这句话大家理解起来应该不难：爱是唯一能够让我们感知到的，能够超越时间和空间的东西。直接说就是，"爱无处不在，爱随时随地"。毫无疑问，当一个人沉浸在爱河的时候，他确实会有这样的感觉。大家稍微想一下，"天涯若比邻"，在遥远的天边就像在隔壁一样，这些都是爱和友情的感知所带来的结果。所以当我们爱一个人的时候，不管距离多远，在心灵和精神上永远是连在一起的。当我们不爱一个人的时候，不管身体靠得多近，都是同床异梦，因为心灵是分开的。

  对于爱，我想讲的主要是以下几点。第一，任何人的爱都是希望和力量。我们之所以还愿意活在世界上，很明显是因为我们内心有爱，我们爱大自然，爱阳光，爱月亮，爱我们身边的亲人，爱周围的朋友，我们也爱自己所做的事业，爱我们生于斯长于斯的这片大地。因为有了这样的爱，我们内心才有希望，不管遇到多少艰难困苦，我们都愿意继续下去。爱也是一种力量，当我们想到我们要为孩子、为家庭的幸福而奋斗的时候，我们内心就会充满勇气！

第二，爱是人与人之间永恒的纽带。我们之所以愿意跟人进行联络，往往不是因为对方长得漂亮，不是因为对方长得英俊，也不是因为对方有钱，而是因为我们心中有爱，那种因为有钱、有地位去接近的不是爱，那叫作功利，是不可持续的东西。当面对一个人的时候，我们愿意无条件地跟他相处，愿意无条件地跟他见面，这个时候通常是因为爱在起作用。我们把爱分成了对家人的爱、对恋人的爱、对朋友的爱、对父母的爱，当然也包括了对祖国的大爱。因为有这样的纽带，我们总是时时被牵回来。就像风筝有一条线一样，这就是很多人远走他乡，最后还要叶落归根的一个重要原因。

第三，爱又是宽容和理解。任何有爱的人都会对被爱的对象表示宽容，因为没有一个被爱的对象——你的爱人和你的家人，是不犯错误的，不做愚蠢的事情，或者是不伤害你。人与人之间相处总会有伤害，总会有错误，甚至有时候会有背叛，但是这个时候只有爱能够把这些人的关系给拉回来，所以爱的宽容和理解就变得极其重要。

第四，我们要深刻理解爱是脆弱的。因为爱是脆弱的，所以我们要倍加呵护。我们要守护我们的爱，我们要周全地考虑，为我们爱的人，为我们爱的事，为我们爱的环境和社会，到底应该去做些什么。同时，爱是需要我们不断努力去浇灌的，就像一棵树、一朵花，你不浇灌的话就会枯萎，人与人之间的爱需要不断浇灌，不断给予新鲜的东西，这样的爱才能够持续。不要把爱当作理所当然的事情，不要把爱当作人与人之间的责任和义务，爱不是责任和义务。两个人结婚以后常常会把爱转化为责任和义务，爱从此消失。我们就不再对爱进行浇灌，因此爱就会枯萎。

最后我想说的是，爱其实有的时候会深化。当两个人恋爱的时候，那是一种爱情的爱；两人结婚以后，它转成了一种亲情的爱。我们常常对亲情不再重视，因为觉得反正已经生活在一起了，新鲜感和好奇感也都没有了。但是实际上在这个时候，爱最重要的是要转化成深刻的亲情。当真正变成亲情的时候，你才意识到它是爱的另外一种形式，也是爱的一种成熟，一种许诺，一种永恒。

爱是一件不容易的事情，但是当我们学会爱的时候，爱就能够超越时空，让我们随时感知到。

日拱一卒

语句解析

the one thing：加上 the 以后相当于唯一的就是这个东西。所以"Love is the one thing"意味着爱是唯一的一件事情。

be capable of：表示能够做某事，尤其是有能力做某事，capable 的名词形式就是 capability。比如"He is capable of writing good essays"，就是"他非常有能力去写好的文章"。

perceiving：来自动词 perceive，知觉到、感觉到。比如 I perceived some bad feeling in you，"我察觉到你有一些不好的情绪"，不是用语言表达，而是通过察言观色感知到的东西叫 perceive。

transcend：超越。英文解释是 go beyond the limit of something，超越了……的限制。transcend time and space 指超越了时间和空间的限制。

It's better to hang out with people better than you. Pick out associates whose behavior is better than yours and you'll drift in that direction.

Warren Buffett

与那些比你更优秀的人在一起比较好。选择那些行为比你更优秀的伙伴,你将会受到潜移默化的影响。

——沃伦·巴菲特

✦ 人际关系 ✦
与更优秀的人交朋友，成为更好的自己

这句话来自 Warren Buffett，著名的股神巴菲特。他的名字如雷贯耳，这个句子其实在某种意义上代表了沃伦·巴菲特和朋友相处的一种态度。

毫无疑问，巴菲特一直非常关注如何跟比自己更优秀的人在一起。他跟比尔·盖茨是特别好的朋友，一打桥牌就能玩好长时间。他们其实不仅仅是在一起打桥牌，也是在一起互相交流。大家都知道，他的合作伙伴查理·芒格也是一位特别著名的投资家，可以说如果没有查理·芒格和巴菲特的组合，就不可能有巴菲特今天的成就。这说明在你选择了更好的合作伙伴、朋友以后，你的生活一定会变得更好。

我也常常给学生讲，如果说我一直就在农村的话，可能现在我就是一个村民，天天打麻将，无所事事，整个世界是怎么样的，完全不在我的考虑范围。我后来进了北大，就交到一批北大的优秀朋友，后来跟我一起创业的王强、徐小平就是北大时期的朋友。毕业后我当了北大的老师，又跟一批北大的优秀老师成为朋友，这些老师给我的学术和思想带来了重大影响。98 岁高龄时仍然坚持每天翻译莎翁全集的许渊冲老师，也是我在北大求学任教的时候认识的。后来做了新东方，尤其是新东方上市以后，交往了一批中国特别优秀的企业家。这些企业家也给我带来很多在企业管理、企业文化及如何为这个国家做贡献方面的感悟和体会，以及很多分析问题的看法和视角。

只有跟更好的人在一起，你才会变得更好。我们一生最重要的其实不在于自己个人奋斗得如何，而在于你周围交往的朋友如何。当然了，如果你要交往到更好的朋友，你必须要有能给朋友带来的东西，尤其是在知识、能力、眼界上；如果你想交往到更好的朋友，你就要不断保持学习心态，让自己变得更加优秀。只有你变得更加优秀了，比你更优秀的人才会愿意聚集在你的身边。

日拱一卒

语句解析

hang out with：和什么人相处。hang out with people better than you，和比你更好的人混在一起。

pick out：挑出来、挑选。

associate：助手、朋友或者伙伴。

drift：通常是指漂流，漂到一个方向去。drift away 指在水中的东西越漂越远；drift in that direction 就是往那个方向走、往那个方向漂，也就是往那个方向靠近、往那个方向靠拢。

Seven years would be insufficient to
make some people acquainted
with each other, and seven days
are more than enough for others.

Jane Austen, Sense and Sensibility

有的人相识七年也仍然无法相知,
而有的人只要相处七天,就足以深深相爱。

——简·奥斯汀,《理智与情感》

·缘分·
白头如新，倾盖如故

我们要讲的这个句子来自简·奥斯汀（Jane Austen）的小说《理智与情感》，英文名叫 *Sense and Sensibility*。说到简·奥斯汀，大家并不陌生，她还有另外一部著名的小说叫作《傲慢与偏见》(*Pride and Prejudice*)。中国的孩子们一般都是读过这两部小说的。

《理智与情感》这部小说主要是写了姐妹俩的故事，一个叫埃莉诺（Elinor），一个叫玛丽安娜（Marianne），两姐妹对于爱情有不同的观点。我们讲的这句话出自妹妹玛丽安娜，当时她迷恋上了一个风度翩翩的青年男子，叫威洛比（Willoughby），姐姐就告诉她，你要理智一点，要不然可能会有问题。当然后来也证明姐姐是对的，这个威洛比是一个花花公子，表面有感情，实际是冷漠自私的一个人。

我觉得这句话也讲出了我们人生中的一些现状。不知道大家有没有这样的感受，有些人在你身边哪怕是一辈子的朋友，你都觉得好像隔了一层纸一样，你探不到他的心底，你也不知道他在想什么，你和他的脾气、气质也不相吻合，当你内心有什么秘密的时候，你也不一定愿意告诉他。

最常见的是，我们在大学宿舍一待四年，尽管大家是同宿舍的舍友，在一起也非常友好，但是有的人你不会觉得非常了解他，常常会有某种防备，你也不会觉得他深刻地了解你。有的时候，你碰上一个朋友，哪怕是在酒吧碰上的，三下两下你就会发现，这个人跟自己的气质、价值观、脾气、性格相符。甚至有些人，你在认识一两天时就把人生的很多秘密讲给他了。当然也有判断出错的时候，在我生命中，判断出错的时候确实有，但是很少。很少发生我遇到了朋友，告诉他我的秘密，他把我给出卖了这种情况。

所以人生相处是一种缘分，当人碰上这种缘分，并且能够持续的时候，我们就会有很多交往，成为真正的好朋友。当然了，在爱情中这样的缘分常常是容易有误的。比如，有另外一句英文说"Love is blind"，意思是爱是盲目的。当你遇见了爱情的时候，总觉得对方什么都好，对方的花言巧语你也不觉得是虚伪。就像很多领导被下属给恭维得失去了头脑，还觉得自己挺牛的那种感觉。实际上下属这样的恭维，并不是对你真正的欣赏，而是因为他考虑到自己的利益才会屈尊俯就来恭维你。爱情中这样的情况也很多，有的人为了获取对方的爱情，使尽各种各样的情感要素来打动对方。但是等到在一起开始真正的婚姻生活以后，或许你会发现两人其实是不对付的。这实际上是前面的判断出了问题。

如果两人认识一两天就相爱了，还能坚持一辈子，相知、相思、相爱、相亲，这样的爱情生活才是真正好的生活。所以我祝愿朋友们能够更多地遇到那种"seven days are more than enough for others（有的人只要相处七天，就足以深深相爱）"的缘分。"白头如新，倾盖如故"，遇见真正的朋友和爱人，而不要让生活中围绕着一帮一辈子你都不知道深浅的人。人生苦短，我们生活在令人快乐和放心的朋友中间，总是比生活在处处需要提防的环境中，更能让我们的生命充实而丰满。

日拱一卒

语句解析

insufficient：意思是不够的。sufficient，足够的。比如说"The food is sufficient"，意思是饭足够了。

acquainted with：acquainted，就是"熟悉、相知、认识"的意思。acquainted with somebody 就是和某人相熟，而且是相对不错的那种状态，不仅仅是 familiar，要比 familiar 程度深。

more than enough：意思是足够了。比如说"two dollars are more than enough"，意思是两美元就已经足够了，用不了两美元。"seven days are more than enough for others"意思就是有些人根本不需要七天就能够互相熟悉，甚至是陷入爱情中。

Some of us get dipped in flat, some in satin, some in gloss. But every once in a while you find someone who's iridescent, and when you do, nothing will ever compare.

Flipped

有人平淡无奇，有人色泽艳丽，有人光芒万丈。但是偶尔，你也会遇到彩虹一般绚丽的人，一旦遇到，其他所有都是浮云。

——《怦然心动》

✦ 内在 ✦
爱那些内外都闪闪发光的人

  这句话来自电影《怦然心动》，英文叫 *Flipped*。这是罗伯·莱纳（Rob Reiner）拍摄的一部青少年电影，讲述的是一对少男少女青涩的爱情故事。故事讲述的是一个叫朱莉（Juli）的小女孩对新搬来的邻居家的小男孩布莱斯（Bryce）怦然心动。但是布莱斯很小，并不理解这种感情，小女孩在百般示好、多次受伤之后，逐渐体悟到亲情、家庭比她从小男孩身上体会到的爱情更加重要。但是等到她已经不再爱布莱斯以后，布莱斯开始逐渐理解朱莉的感情，并且对朱莉产生了好感。

  影片中最重要的意象是一棵梧桐树，这棵树和女主角的生活息息相关。女主角很喜欢这棵梧桐树，希望小男孩和她一起保护它，但是被小男孩拒绝了，因此小女孩很感伤。影片的结尾两个人和好，走到一起，并且亲手种下了一棵小树苗，表明两个人的感情重新开始。

  这个世界上的人分成很多种，当你看上一个人的时候，有可能是看上这个人的外表，也可能是看上这个人的内心。通常我们看一个人的外表，会被表面所迷惑，比如男孩子喜欢美貌的女孩子，女孩子喜欢帅气的男孩子。当然美貌的女孩子和帅气的男孩子也可能内涵很丰富，如果遇到这样的情况，那毫无疑问这个人才貌双全，是两全其美。

  但很多时候我们会发现，喜欢上一个人以后，再进一步深交就发现他就是一个内在什么也没有的人，是一个草包或者个性非常不完美的人。这时候我们常常会对这个人感到失望，然后离他而去。所以，被表面所迷惑而不去深究内在的价值，常常会给我们本身也带来伤害。

当我们喜欢上一个人的表面时，一定要去探究他的内心是不是丰富，气质是不是到位，比如他的知识结构、智慧、胸怀等。如果拥有这些，再加上表面的美丽或者帅气，这样的人我们就可以叫作iridescent，就是内外都闪闪发光的人。在我们的生命中，如果有机会遇见这样的人，不管是作为朋友还是作为爱人，那都是人生中的大幸。希望朋友们都能在生命中不断遇到这样的人，让生命充满正能量，引领着我们不断向高处攀升，让我们的生命进入闪闪发光的境界。

你遇见过哪些闪闪发光的人呢？

日拱一卒

语句解析

dipped in：泡在里面、沉浸。

satin：绸缎，表示光亮柔滑的东西。

gloss：也是发光体，但不是内在发光，是表面发光或者因为反光而闪亮的东西。这个词在这里形容有的人表面上闪闪发光，但是内在实际上可能一无所有。

iridescent：指的是像彩虹一样内外发光、多彩多姿。如果遇到这样的人，就会被他迷住，"when you do, nothing will ever compare"，就是没有什么可以再和他比较了。

Meeting you gives me the
best time of my life.

Song of Youth

我不是在最好的时光中遇见了你们,
而是遇见你们才给了我这段最好的时光。

——《老师好》

✦ 相遇 ✦
遇见你，给了我生命中最好的时光

这句话来自于谦主演的电影《老师好》(*Song of Youth*)。这部电影讲述的是20世纪80年代中期，一位古怪的或者说坚持原则的、不灵活的老师，和一帮处于叛逆期的、有着各种各样稀奇古怪的想法、不安分守己的学生之间，发生的幽默生动、互相鼓励的故事。

在这部电影中，我最欣赏的一句台词是："我不是在最好的时光中遇见了你们，而是遇见你们才给了我这段最好的时光。"这是一句中文台词，我看到以后就想应该给它翻译成英文，所以我就征集了一些新东方老师的翻译。

第一位老师翻译为：It was not in the best time of my life when I met you, but it was the best time of my life because we met.

第二位老师翻译为：It wasn't the best time to meet you, but meeting you I met the best time.

第三位老师翻译为：It wasn't in my best time I met you, it was because we met, I had the best time of my life.

第四位老师翻译为：Meeting you gives me the best time of my life.

这四句翻译我觉得各有千秋，基本上把上面的意思都表达出来了。我本人还是比较欣赏最后一句，因为用一句话表达了两句的意思：遇见你给了我生命中最好的时光。这个地方之所以用 gives 而不是用

gave，是因为我觉得，不仅仅是过去，而是这个美好的时光一直怀念到今天，所以变成了一个常态。

大家可以看到，一句中文如果要翻译成英文的话，要达到翻译中的"信、达、雅"这样的底蕴和标准，其实是非常难的一件事。这也给大家一个训练，你们也可以试着翻译一下，比如说这句话你认为怎么翻译才是最好的。我不是翻译专家，我也不讲翻译的事情。

我们生命中总会遇到各种各样的人，会遇到很恶心的人，让你觉得像吃了个苍蝇一样；但是我们也会遇到让我们人生境界不断提升、心灵不断丰盈、生命不断精彩的人，就像我们前面讲的句子一样，我们生命中有的时候会遇到那种 iridescent（色彩斑斓闪耀的），就是浑身都发出光彩的人物。

在我们的生命中，大部分人都是普通人。但是我们都知道：

我们如果遇到了好的父母（当然父母不是我们选择的，但是父母确实有好坏之分），这对我们一生的影响将是巨大的。我常常认为很多孩子之所以习惯不好、学习不好，未来走向邪路，大部分情况下都是父母影响的结果。

我们会在一生中遇到合适的或者不合适的爱人。当我们遇到合适的爱人时，他就会成全我们的生命，让我们的生命变得更加完善；但是遇到了不合适的爱人时，如果不离婚的话，那就会把家里弄得乱七八糟。

我们如果遇到贵人的话，常常就会得到贵人相助；但是如果遇到的是小人，他也能把你的生活搞得乱七八糟，甚至会给你的生命带来不利影响。

还有，我们作为老师，特别希望遇到好的学生；作为学生，自然希望遇到一个能给自己带来智慧、帮助我们成长的优秀老师。

一方面是遇见，另一方面因为有的时候我们遇见的人由不得我们选择，所以最终还得我们去寻找。因为真正的好人、真正对我们有帮助的人，也是能够寻找到的，这就是为什么有的人要行千里路，去寻找自己生命中的导师。

但是不管怎样，我们首先要对自己有一个要求。这个要求就是，我们希望在周围的人心中，变成那种因为他们遇见了我，所以成就了他们生命中一段最好的时光的人。因为我们能够给予这些人更多的帮助或者更多的关爱，赋予他们更多的奋发的力量。所以人与人之间，通常最重要的是传递正能量。通过正能量的传递，让大家互相照耀、互相成长。

Whoever is happy will make
others happy, too.

Anne Frank, The Diary of Anne Frank

快乐的人也会让别人感到快乐。

——安妮·弗兰克,《安妮日记》

·力量·
快乐的人也会让别人感到快乐

这句话来自一本书，《安妮日记》(*The Diary of Anne Frank*)。

安妮是日记的主人，她是一个犹太小女孩。为了躲避纳粹暴徒的追踪，她在13岁的时候，和自己的家人一起藏身于一个小密室有两年时间。在这两年的生活中，她通过写日记来记录自己藏身地窖的日常点滴。大概从1942年开始，她和家人开始藏身秘密小屋，通过她爸爸以前雇员的照顾生存下来。1944年8月，这一家人因为被人告密，被抓到了集中营，遭到了非人的待遇。1945年，安妮因为伤寒症死在纳粹集中营。她的父亲幸存下来，保存了她的日记。1947年，她的日记出版了，引起了世界性的轰动。这部日记既记录了德国纳粹的残忍和不人道，也记录了一个小女孩在如此危险和困难的境地中，对于快乐和自由的向往，表达了这个小女孩在困境中的乐观精神。

在过去七八十年的时间里，《安妮日记》已经被翻译成了无数种文字。"二战"以后，反法西斯题材的作品层出不穷。但是到今天为止，就影响的深度和印刷的数量而言，《安妮日记》依然位居首位。这可以表明，这部日记里面有着让人非常心动的东西。一个十三四岁的小女孩，在困境中仍然充满了对生活的向往，最后却被德国纳粹残忍地折磨死，想来就让人心酸心痛，不由得对纳粹的暴行充满愤怒。

本文所选这句话特别简单，但是跟安妮的命运对照来看，它就充满了震撼的力量。大家稍微想一下，在这种秘密小屋中，连阳光都见不到的地方，安妮在日记上能写出这样一句话来，内心需要多么强大的力量。我们大部分人在这种环境中也许就崩溃了，小女孩安妮却坚持记了两年日记，成就了一本不朽的传世著作。

当然，这句话也讲了一个真理：你要想让别人高兴，你就得自己先高兴。因为人与人之间的关系是一面镜子，你想要别人对你善良，你必须先自己善良；你想要别人高兴，你必须先自己高兴；你想要别人帮助你，你必须先帮助别人。所以这是一句简单的真理。但是安妮在这样的环境下，她强调，无论谁，只要自己开心就能让别人开心。所以在地窖的两年中，她不光不需要父母安慰她，而且相反，她总是安慰父母，鼓励父母坚强地活下去。她是多么乐观。

最后她依然没有逃脱第二次世界大战中法西斯的暴行所带来的伤害，实际上她离英国人去拯救集中营难民只差了一个月的时间，她只要再坚持一个月，就得救了。但是人的命运就是这样，往往就是差之毫厘。尽管她年轻的生命消失了，但是她的精神和灵魂到今天依然活在这个世界上，还在感动着我们。作为我们对她的敬意，首先我们应该让自己快乐起来，同时让其他人也快乐起来，一起幸福快乐地生活，一起抵抗世界上的邪恶，抵抗像纳粹这样的暴行，让它永远不再在这个世界上发生。

Happiness is not about being immortal nor
having food or rights in one's hand.
It's about having each tiny wish come true,
or having something to eat when you are hungry
or having someone's love when you need love.

Up

幸福,不是长生不老,
不是大鱼大肉,不是权倾朝野。
幸福是每一个微小的生活愿望达成。
当你想吃的时候有的吃,想被爱的时候有人来爱你。

——《飞屋环游记》

✦ 幸福 ✦
幸福是每一个微小的生活愿望达成

这句话来自电影《飞屋环游记》，英文就一个简单的词——*Up*。大家也许记得电影中的场景，作为主角的卡尔变成一个老头以后，一心一意想要到天堂瀑布去探险，最后把整个屋子绑上了氢气球，带着一个小男孩一起向天堂瀑布飞过去。

首先我想讲一下自己的感悟。我觉得人类不管有多大的雄心壮志和梦想，其实都跟他的野心、社会地位等相关。把人回归为正常人来看的时候，我们常常发现生命中所有的快乐和幸福时光都是围绕我们身边的几尺之地展开的。它关乎我们的身体是否健康，我们的亲人是否安康，我们每天是不是能得到一些新的知识让心灵变得更加充实，我们晚上有没有一个地方可以温暖地睡觉，早上起来冰箱里是不是有足够的早餐，也关乎我们孤独的时候是不是有亲人、朋友的问候……所有这些东西回归到人的本质和本性的时候，才是真正重要的东西。

很多人会问，那我们还要雄心壮志吗？我觉得当然是要的。所谓的雄心壮志，就是面向未来给自己设定一个让自己人生境界更高、让自己的舞台更大的目标。为了这个目标，我们要努力奋斗。但是我们不能因为这样的目标牺牲自己的身体，牺牲和亲人的感情，牺牲自己日常生活中可以得到的幸福，这不是一个平衡状态。可以说，终生奋斗中有些目标不能实现不要紧，但是如果为了实现所有目标，每天都在牺牲自己身边亲人的感受，牺牲自己的感受，这件事确实很麻烦。

在《飞屋环游记》中，主角卡尔年轻的时候跟自己的女朋友——后来的老婆、老伴，一直有一个梦想，就是要去天堂瀑布探险。但是他一次又一次错失机会，一次又一次放弃，直到最后他老伴去世的时候，这个梦想也没有实现，它成了卡尔的终生遗憾。后来当政府要把他的房子拆掉时，他对房子的热爱和对老伴遗愿的守护构成了一种勇气。凭借这样的勇气，他在房顶绑上了所有的氢气球，最后终于让屋子飘起来，飘向了天堂瀑布——他们的那个梦想之地。

这里面还涉及一个小孩。这个小孩在跟随老人的过程中，给老人带来了欢乐，带来了希望，同时也是老一代和新一代的互动中，把希望和梦想一代一代地传下去的一种寓意。

日拱一卒

语句解析

immortal：mortal，表示死亡的或者会死去的；im- 在这里表示否定，加在 mortal 前面，表示不会死亡的、永生的。

tiny：相当于 little，表示非常小的东西。tiny wish 就是小小的愿望、小确幸、小小的幸福。

Most of the shadows of life are
caused by standing in our own sunshine.

Ralph Waldo Emerson

生活中大多数的阴霾归咎于
我们挡住了自己的阳光。

——拉尔夫 · 沃尔多 · 爱默生

✦ 积极 ✦
你面前有阴影，是因为你背对阳光

这句话来自美国文学家、诗人拉尔夫·沃尔多·爱默生（Ralph Waldo Emerson）。爱默生是美国文学史上很有名的人物，他最著名的成就是唤醒了美国人对自己民族文化和文学的自信。在他之前，大家一直觉得美国文学来自英国文学的传承，一直没有走出英国文学的阴影。但是爱默生振臂一呼，宣称美国已经有了自己的文学。在他的引领下，美国出了很多大作家和优秀的著作。我们非常熟悉的诗人惠特曼写了《草叶集》，梭罗写了《瓦尔登湖》，霍桑写了《红字》，他们带领美国文学从英国文学的阴影中走了出来。

爱默生也是美国超验主义运动的主要领袖。超验主义强调人和自然是融为一体的，人和自然界的超级心灵是相通的。同时爱默生强调，作为作家应该走进生活，走进自然，把生活、自然精确地反映到文字中来。他因此成为美国文学史上有着非常重要影响力的人物。美国总统林肯称他是"美国的孔子"，也有人说他是"the father of America civilization（美国文明之父）"。

讲完了爱默生的背景，我们来看一下所选的这句话。我想表达三点感悟。

第一，人的心智决定了自己的生命到底能走多远。尽管唯物主义是非常重要的理论，我们很多时候批判唯心主义，但我个人也依然认为人的心智模式和心理状态是很重要的。跟其他动物不一样的是，人类能够决定自己走多远，思考多深，跟谁打交道，以及自己拥有什么样的地盘。所以，我们想要走得更远，一定是我们的心智起到了更大的作用。就像我们现在说的，有中国梦，中国就会走得更远。这个"梦"中的情景现在是不存在的，要通过我们的努力才能实现。这就意味着，我们的梦想在多大程度上能够实现，取决于我们对梦想有多么相信和坚持，付出多大努力。其实人一辈子是自我成长的过程，不是说你每天吃了最好的饭菜你就必然成长得更好，那最多使你的肉体变得健壮一点，但是思想的深刻或者高远，是来自自己对生命高度的渴望。

第二，不要让生命中发生的一些事情，尤其是坏事拖住我们的后腿。海明威说过：一个人可以被粉碎，但是不能被打败（A man can be destroyed but can not be defeated）。这句话表达了这样一层意思：人想要不断取得成功、进步或成就，就要不被艰难困苦打败，不被生命中发生的各种各样的坏事、烂事所打败。因为只要是人就会犯错误，有些人犯了错误以后很容易一蹶不振，到最终就是自己把自己给拖死。过去的已经过去了，在任何环境下，在任何层次上，一切都可以从头开始。有了这样一种心态以后，眼睛永远是向前看的，脚步也就必然会向前走。

第三，任何时候我们都要保持积极心态，面向阳光，要把影子留在后面，这就是这句话表达的核心概念。很多人在遇到事情以后，不去积极地寻找解决问题的方法，而是抱怨、逃避、退缩，建立强大的心理防御机制，使自己躲在一个壳里，那永远不可能远行。现代人类存在于世界有几万年，在代代相传的奋发拼搏中才走到了今天。对于我们个人来说，拥有积极阳光的心态，把影子留在后面，不要让影子挡住阳光，就变得非常重要。

爱默生 8 岁丧父，在非常艰苦的环境中和母亲相依为命。他一路奋斗，最终考上哈佛大学，历经艰险，终成一代大家。他自己的生命历程，也体现了他说的这句话。

除了这句话，我们再分享爱默生所说的另外两句话，也挺有意思的。第一句话是这样的，"A friend is one before whom I may think aloud."，一个朋友就是我能够在他面前高声思考的人。think aloud 意思是可以没有任何隐瞒、无话不说。朋友之间互相信任使你愿意吐露心声，把不敢说的话都能说出来。我们再来分享他的第二句话："A hero is no braver than an ordinary man, but he is braver five minutes longer."。这句话是说，一个英雄其实和普通人相比并不是更勇敢，但是他能够比普通人多勇敢五分钟。也就是说或许你只要多坚持五分钟，你就是勇敢的胜利者。

日拱一卒
语句解析

shadow：阴影、影子。引申为内心的阴影、内心痛苦的事情。

caused by：由……引起，由……导致。

stand in：挡住。例如，Don't stand in my way, 别挡住我的路；standing in our own sunshine, 挡住了我们自己的阳光。

As you begin this new stage of your lives,
follow your passion. If you don't have a passion,
don't be satisfied until you find one.
Life is too short to go through it without
caring deeply about something.

Steven Chu

当你开始生活的新阶段时,请追随你的爱好。
如果你没有爱好,就去找,找不到绝不罢休。
生命太短暂,所以不能空手走过,
你必须对某样东西倾注你的深情。

——朱棣文

◆ 激情 ◆
你必须对某样东西倾注你的深情

这句话来自华人科学家朱棣文 2009 年 6 月在哈佛大学毕业典礼上发表的演讲。演讲的主题是：If you don't have a passion, don't be satisfied until you find one.（要是你没有爱好的话，一定不要对自己满足，直到你找到爱好为止。）

朱棣文是华人科学家，1948 年出生在美国，1970 年毕业于罗切斯特大学。值得一提的是，罗切斯特大学尽管在美国还算好大学，但是不能算顶级大学。朱棣文后来在物理学上取得了巨大的成就，并且在 1997 年获得了诺贝尔物理学奖。他同时也是中国科学院的外籍院士，在学术上取得了重大成就。这个例子也可以进一步证明，其实一个人上什么大学并不是很重要，最重要的是要有自己的激情、自己的爱好、自己的专注，有一头扎下去不成功坚决不罢休的精神。朱棣文教授恰恰是具备了这样的精神，因为有这样的精神、对生命的热爱、对自己爱好的坚持，他才能在物理学上有突破性的成就。由于希望这个世界变得更好，所以作为一个华人科学家，他后来担任了美国第 12 任能源部的部长，并在全球变暖等问题上在全世界各地发声。他说的这句话，恰恰是他自己一生寻求爱好和激情的一种写照。

其实人生有很多舞台，每一个阶段都是你的舞台。以我为例，在农村是舞台，太小；通过高考来到北大，是新的舞台；北大毕业后在北大当老师，也是新的舞台；从北大辞职出来最后干新东方，又是另外一个新的舞台。在任何一个新的舞台上，我个人的体会是首先要专注，其次是要有激情，在舞台上尽可能展示自己。当这个舞台不够大的时候，你可以再挑选另外一个舞台，但是不能放弃你的激情和爱好。

所以这本身就是一句非常励志的话，让我们深刻地意识到，没有激情的生活，将像白开水一样平淡无奇。既不能给自己的内心带来满足，也不能给世界带来光彩。要想办法把自己变成一个 iridescent person，就是一个闪闪发光的、从内到外都能够带来光彩的人。

日拱一卒

语句解析

this new stage of life：指的是在哈佛大学毕业的时候，人的生命来到了新的阶段。

don't be satisfied until：就是千万不能对自己满意、满足，直到你做了什么为止。Don't be satisfied until you run fifty miles，直到你跑了50英里才感到满足，就是说不要半途而废。

life is too short to do something：too...to... 这个句式大家都知道，句子的意思就是生命太短暂了，不要不做什么事情你就把生命浪费了。It's too short to go without，所以把 too...to... 和 without 连起来也构成了一个句法结构，比如说，Time is too short to waste without doing something really great，就是时间实在是太短了，不能浪费，我们一定要做点伟大的事情。

Nothing is as important as passion. No matter what you want to do with your life, be passionate. The world doesn't need any more gray. On the other hand, we can't get enough color. Mediocrity is nobody's goal and perfection shouldn't be either. We'll never be perfect. But remember these three P's:
Passion+Persistence =Possibility.

Jon Bon Jovi

没有什么比热情更重要，
无论这一生你想要做什么，都一定要充满热情。
这个世界不需要更多灰暗，另外，再多彩也不为过。
没有人想一辈子平庸，然而完美也不该是任何人的目标。
我们永远不会完美，但记住这三个P：热情（Passion）+坚持（Persistence）= 可能性（Possibility）。

——乔恩·邦·乔维

✦ 初心 ✦
热情 + 坚持 = 人生一切精彩的可能

这句话来自美国摇滚歌星乔恩·邦·乔维（Jon Bon Jovi）的一次演讲。乔恩·邦·乔维在 20 世纪 80 年代就组织了邦乔维（Bon Jovi）乐队。最后乐队在美国越来越流行，2018 年的时候乔恩·邦·乔维还正式入驻了摇滚名人堂，这是西方摇滚乐界的最高成就奖之一。乔恩·邦·乔维领导的乐队在过去的几十年中，有很多歌曲名列榜首，比如他们的专辑 *Slippery When Wet* 和 *New Jersey* 都创造了极佳成绩。同时邦乔维乐队也是华尔街 100 多名新闻记者和社会学家参与评选得出的，对世界影响最大的十大摇滚乐队排名中的第九名（第一名是大家更加熟悉的披头士乐队，The Beatles）。我们选的这句话是乔恩·邦·乔维在一次题目为 "Passion+Persistence =Possibility" 的演讲中说的，这句话也是演讲主题的总结。

乔恩·邦·乔维之所以能够把这支乐队变得如此辉煌，几十年如一日，得到那么多的荣誉，到今天为止，乐队还能够活跃在舞台上，同时给人们带来激情、美好、理想和音乐的陶醉，是因为最重要的是，他是一个充满了激情、毅力的人。我们常常说一个人做一件好事并不难，难的是一辈子做好事；一个人做一件事情并不难，难的是一辈子坚持把一件事情从平凡做到伟大，难的是一个人对一件事情保持激情，20 年以后依然初心不改。

乔恩·邦·乔维是 1962 年出生的，跟我是同龄人，我完全能够体会到这句话背后所包含的意思。我做新东方做了30年，到今天为止我依然觉得自己是一个对做培训、做教育充满了激情的人，因此我也一直坚持在做教育。所以我非常认可这个公式"Passion+Persistence=Possibility"，你只要有激情，坚持自己的爱好，努力下去，那么人生的一切精彩可能都是存在的。

日拱一卒
语句解析

passion 和 passionate：passionate 是 passion 的形容词，充满激情的，be passionate，就是一定要充满激情。

doesn't need any more gray：不需要更多灰色的东西。一个人没有任何出色的地方，没有任何光彩的平庸状态叫作 gray。

we can't get enough color：意思是我们再光彩也不过分。You can't wait to get enough color，我们应该让自己放射出光彩。

mediocrity：平庸。

perfection shouldn't be either：平庸不是任何人的目标，但是完美也不应该是任何人的目标。就是一个人不应该平庸，但是也很难做到完美，所以"We'll never be perfect. But remember these three P's: Passion + Persistence=Possibility"。

persistence：坚持、坚定不移。你的激情加上坚定不移，就等于 possibility，即人生的一切可能性。

Real happiness lies in gratitude.
So be grateful. Be alive.
And live every moment.

Muniba Mazari

真正的幸福在感恩里。
所以要感恩、有活力、认真活在每一刻。

——穆尼巴 · 马扎里

✦ 感恩 ✦
懂得感恩的人,更容易获得幸福

这个句子来自巴基斯坦著名的励志女性演讲家和社会活动家穆尼巴·马扎里(Muniba Mazari)在 TED 上的一次演讲。她专门强调了人的感恩心态,以及面对社会、欣赏生活的一种态度。马扎里的演讲是比较励志的,我又选了两句她演讲中所说的话。第一句是这么说的:"This life is a test and a trial, and tests are never supposed to be easy."。这句话的意思是:"生命就是一场考验,你不能期待考验是容易的。"test 是"考试、考验"的意思,trial 也是"考验",never supposed to be easy 就是说考验永远不可能是容易的事情。

还有另外一句:"Life gives you lemons, then you make lemonade."。翻译过来是:"生活给了你柠檬,但是你可以把它变成柠檬水。"大家都知道,柠檬水是很好喝的,但是柠檬本身是又酸又涩的。这里寓意为生命本身是又酸又涩的,但是通过加工,我们能够把它变成一杯甜美的柠檬水。听到这些话,我们就会产生一种内在的感动。生命其实是需要我们去努力,才能变得美好的。

针对她讲的这三句话,我来谈一下自己的体会。人确实需要怀有感恩心态。但感恩心态不一定是天然就有的。如果我们从小到大在有感恩心态的父母身边长大,我们的心态就会好很多;如果我们从小在抱怨和指责中长大,那我们就会形成抱怨和指责的人生态度。这两种态度是完全相反的。

所以我想说的第一个要点是：感恩心态实际上是需要我们训练的，它是一种习惯的养成。怎么训练自己呢？比如说早上起来阳光灿烂，出门以后看到满眼绿色的树林或是春天美丽的鲜花，要感恩自然的馈赠；去工作的时候感恩公司，感恩老板，因为他给了你这么一份工作，尽管是你自己的能力带来的工作，但是依然要感恩；感恩这个世界变得如此发达，以至于我们买任何东西都如此方便；感恩我们的父母把我们带到人间，尽管父母也许并没有给我们社会地位和财富，但是毕竟给了我们生命。总而言之，要感恩生活中碰到的每一个对我们有用的人。有人说，那坏人我们要感恩吗？坏人我们可以不感恩，但是至少可以知道，这些坏人或者说心术不正的人在我们身边出现，使我们变得更加有智慧，更加知道如何跟好人或值得打交道的人交往，从这个角度来看，实际上所谓坏人也给我们带来了很多成长。

所以，感恩是一种心态。当你通过训练拥有这个心态时，那你就会有一种能力，再也不抱怨和指责。我们很容易习惯性地陷入抱怨和指责中去，习惯性地去推卸自己的责任，把生命中遇到的一切困难、一切问题都归咎于别人。我们都知道，一个人如果总是处在抱怨和指责中，永远不可能有幸福可言，因为任何抱怨指责的心理都是不满足的、苦涩的。除了要克服抱怨和指责以外，我们还要培养主动去解决所面临问题的能力。我们会遇到很多的问题，关于日常的、琐碎的、家庭的、事业的、公司的等等。这些问题每个人都会碰到，有的人很容易就能够解决，有的人就不太容易处理好，解决问题的能力是能够让我们生命前行的一个重要能力。

除此之外，我们要养成一种精神动力。这个精神动力是什么？面对我们所遇到的艰难、困苦或绝望时要能够有两个心态：第一个是要有解决问题的心态；第二个就是，觉得这些东西之所以出现，是为了让我变得更加有能力、更加有智慧、更加伟大。这样的话，就有了孟子所说的"天将降大任于斯人也，必先苦其心志，劳其筋骨"这样一种心态。对你来说，曾经发生的一切困难的事情，都是为了让你变得更加完美、更加伟大。这样你应对困苦的能力就会大大增加，并且有时候甚至会产生"让暴风雨来得更猛烈一些吧"的心态。

最后，不管你的生命状态是怎样的，要珍惜活着的每一刻。这就是马扎里所说的"live every moment"（认真活在每一刻）。为什么呢？因为尽管我们在期待未来，但是我们也知道今生今世只有今天是最好的，如果每一个今天都过不好，就意味着一辈子也过不好。所以，怎样把每一天过得更好、更愉快、更幸福、更有收获、更有成就，就变成了一个特别核心的能力。有了这样的能力，再拥有感恩心态，提高解决问题的能力，并克服抱怨的习性，我相信就实现了马扎里所说的"Real happiness lies in gratitude（真正的幸福在感恩里）"这样一种境界。

日拱一卒

语句解析

gratitude：感恩。

lie in：在……中，比如 The truth lies in the story，事实蕴含在这个故事之中。

grateful：感恩的、感激的。

be alive：有活力地生活。live 的意思是活着，alive 是有点活蹦乱跳的意思。

live every moment：每一个时刻都要好好地活着。

Summon your compassion, your curiosity, your empathy towards others and your commitment to service. Give more than you receive and I promise you, it will come back to you in ways you can't possibly imagine.

Howard Schultz

唤起你的怜悯之心、好奇心、同理心,
以及为他人服务的决心吧。
如果你多多奉献,
我保证你收获的会比你想象的要多。

——霍华德·舒尔茨

✦ 尊重 ✦
你的付出，终将得到回报

这句话来自星巴克的创始人霍华德·舒尔茨（Howard Schultz）2017年在亚利桑那州立大学毕业典礼上的演讲。

他这次演讲主要是分享他是如何做成星巴克的。主题是"人生要采取一种什么样的态度"。其表达的主要意思是：人生要采取为别人服务的态度，要采取尊重别人的态度，要以谦卑的姿态表现出自己的道德勇气和道德追求。这个演讲给亚利桑那州立大学的学生带来很大的鼓舞和很深的影响。

舒尔茨讲的这句话，其实从某种意义上来说是一个人人熟知的真理。人心都是一样的，既是自私的又是感恩的，这是核心状态。何谓自私的？不管是什么好东西，每个人都想自己拥有。何谓感恩的？就是如果别人对你好，你一定会心存感激。别人对你好，你不感激，这样的情况、这样的人也有，但是极少。所以他讲的是，每个人应该坚持的四个原则。

第一个原则是对等原则。人与人之间相当于一面镜子。你笑，镜子里的人也会笑；我给你什么，你会给我什么；我给你好意，你还我好意。当然，也有这样的坏人，有的时候你借给别人钱，有人却不还。但是整体来说，就态度、情绪而言，通常都是你给出什么，别人就会还给你什么，所以人与人之间的关系遵循对等原则。

第二个原则是无私原则。当我们给别人东西的时候，心中其实不能期待得到回报。你给出同情心，别人就同情你，这是不可能的，你有时候也不需要被同情；你用同理心去理解别人，一定要别人理解你，有的时候也是不可能的。但是不管怎样，好的东西，比如你的微笑、好的态度，其实是要给别人的。因为给完别人以后，你的生命会有别的好的回报。老子曾经说过，"非以其无私邪，故能成其私"。意思就是说，你没有用私心做事情，反而你私人的愿望最后得到了满足。

第三个原则是长远原则。人最怕的就是太功利，做任何一件事情马上就要得到回报。我今天给你一个苹果，恨不得一分钟以后你就得还我一个橘子，这种情况是不太可能发生的。太功利地去做事情，人家是能够感受到的，那意味着你背后藏了很多自己的功利性、现实性的目的，别人对你做的好事要不就不接受，要不就是赶快逃离，要不就是人家接受了也不会说你好，因为你太功利了。

第四个原则是不同原则。不同原则就是你给出的东西有可能是以另外的方式出现，而不是你给什么就还你什么。比如说你给出了同情心和同理心，最后可能是有一天你遇难的时候，它们发挥了作用救了你，并不是一定以和你当时同样的方式回馈。

我们要记住的大的原则是：你总是在给予，总是在帮助别人，即使你从别人身上什么也得不到，你至少得到了内心的满足，还得到了自己无愧于世界的尊严和自我欣赏。何况，你给出的好东西别人或多或少会以各种不同的形式来回报你。

舒尔茨这句话也讲出了自己的感情。他出生于一个贫困家庭，家庭遇到了各种困难，他从小到大一直在艰难困苦中生活。很多人遇到这种情况可能会恨这个社会，但他反过来去看。因为他看到了各种困难，所以他就下定决心长大以后一定要帮助穷人，一定要帮助那些需要帮助的人。因此星巴克也形成了非常好的互相帮助的企业文化。

日拱一卒

语句解析

summon：召唤，也可以指命令别人做什么事情。summon somebody to do something，这里是指 call on to be present，召唤它以至成为现状或现实，所以 summon your compassion 就是把你的同情心给召唤回来。

compassion：passion 是感情、激情，compassion 是感情上和别人一致，看到别人受苦受难时你感到同情，设身处地去感受。

empathy：em-，进入，使。-path，感情，empathy 表示进入别人的感情。区分 compassion 和 empathy 这两个单词的偏重，compassion 是看到别人受苦以后产生同情心，empathy 是去体会别人的感情，理解别人的心态。

commitment：承诺，献身。这里实际上相当于 a promise，所以 commitment to service 就是承诺为别人服务。

When there is no one left in the living
world who remembers you,
you disappear from the world.
We call it the final death.

Coco

当活人的世界再没有一个人记得你,
你就会从这个世界上消失。
我们把这叫作终极死亡。

——《寻梦环游记》

✦ 纪念 ✦
记住值得的人，做值得被记住的人

这句话选自电影 Coco，中文叫《寻梦环游记》。影片讲了一个小男孩米格，闯进了亡灵的世界，最后在亡灵的世界中寻找自己的高祖父，并且遇到了流浪汉埃克托所发生的一些故事。这句话是亡灵之地的落魄流浪汉埃克托所讲的。

整部电影展示的是：人去世以后其实并没有死，而是进入了亡灵之地，进入了另外一个世界。但是在亡灵世界里你要想继续存活下去，就必须一直有人在真正的人类世界中记得你，给你祭享，给你纪念。如果在活人的世界中再没有一个人记得你，最终你在亡灵之地的身体就会四散而去，变成一片空虚。亡灵世界中的人，也都害怕自己的终极死亡，所以他们每年都希望走过亡灵之桥，来到活人的世界享受他们的祭享，通过这种方式和活人世界进行连接。

其实不仅是在亡灵世界，如果没有人记得现实世界的某个人，他就永远在这个世界上消失了。在我们活着的现实世界里，人也有可能被遗忘掉。但是人作为群体动物，就是 social animal（社会化动物），其实是特别希望能够跟人建立某种密切的联系的。我们最密切的联系来自父母、子女、夫妻，有的还能紧密联系到爷爷、奶奶、姥姥、姥爷等，所以中国古代特别崇尚大宗族、大家庭的概念。因为互相建立联结，尽管带来了一些相互之间的制约，但是人们能更多地享受人世间互相照顾、互相帮助的温馨情感。

现在都变成小家庭生活，这样的联结纽带变得越来越少。我们更多地跟这个世界上的其他人进行联结，不管是通过微博还是微信、朋友圈进行联结，都是非常简单的、没有深度的联结。也就是说，我们并没有在日常的生活和生命中，真正享受到这种联结所带来的种种好处。实际上，人类只有建立深度联结才是有用的。那我们怎样建立深度联结呢？其实建立深度联结的最好方法就是去帮助别人，做那些值得别人记得你、值得别人感谢你的事情。如果你做的是恶事，别人也能记得你，但是给你带来的是一种恶意和诅咒，人在诅咒和恶意中是不可能真正幸福地活下去的。所以我们一是在人世间建立深度联系，二是要为人提供各种帮助和服务，这样人们才会愿意来跟你打交道，人们才不会把你遗忘。

很多人说，忘就忘了，这有什么关系。其实别人把你忘掉的世界，就像你生活在一个完全孤零零的星球，你在这个世界上享受不到温馨。实际上在某种意义上，人到这个世界上来，只有今生今世是最实在的，那么你当然要享受周围人与你最美好、最温馨的一面。有人说，活着是这样，那死了是不是就可以被忘记？如果说真的像电影中描述的那样有着 final death（终极死亡），那么死了对我们来说也是一种悲哀。尽管从现实意义上来说，你死了就一切都没有了，不管人们记得你还是不记得你，你都不知道了；但是从我们的灵魂上来说，活着的时候其实还是希望死了以后总有人记得你，因为灵魂也寻求一种依托。所以从这个意义上来说，死了被人记住，并且记住的是美好的东西，这对我们来说依然是一件美好的事情。

让人记住，让人因为我们的存在，变得更加幸福和快乐，这就是我们为人的宗旨之一。

I want to tell you a secret.
A great secret that will see you through all
the trials that life can offer. You must always
remember this. Have courage and be kind.

Cinderella

我要告诉你一个秘密，
这个巨大的秘密能帮你度过人生所有的艰难困苦。
你一定要好好记住。秘密就是，要勇敢，要善良。

——《灰姑娘》

✦ 善良 ✦
生而为人，应当善良勇敢

这句话选自电影《灰姑娘》(*Cinderella*)。这句话是母亲在离世之前对灰姑娘的最后叮嘱。

这句话本身是比较容易理解的，句中涉及一个核心——be kind，就是善良。人生可以做所有的、各种各样的事情，不管你做什么事情都可以，但是一定要记住，要把善良作为你人生的中心来考虑。因为只有把善良放在心中，你做任何事情才不会偏离正道太远，做的事情才是有价值和意义的。我们知道，一个善良的人有两个关键要点：第一是他自己不会去作恶，不会做违反道德、违反人性的事情；第二是他的善良能够为别人所尊重，甚至被别人保护。因为我们人生在世，谁也不会愿意去欺负一个善良的人。所以善良在某种意义上，既是对自己的保护，也是对世界释放的好意。

我们知道，这个世界上光有善良是不够的。除了善良，我们的生命还要有勇敢精进的一面，就是 have courage（要勇敢）。如果没有勇气去克服生活中遇到的困难，没有勇气去跟邪恶做斗争，那么生命就有可能变成很猥琐的状态。所以正是我们生命中前行的勇气、突破的勇气、探索未知的勇气，才让人类不断进步，也让我们自己的生命更加精彩。

勇气也分成两个方面：一方面是遇到困难、困境、考验的时候，你能够勇敢地站起来，你站起来的次数永远比你跌倒下去的次数要多一次；另一方面，勇气是大家探索生命的所有潜力、所有可能的动力。

更加重要的是，你要去寻找你人生未来的道路，寻找你人生可能遇到的真正伟大的事物，这需要你有勇气走出去。比如，你要想了解大海，就得扬帆起航；你要想了解宇宙，就得跨上飞船；你想要人生有更大的拓展，就要不断地突破自己的边界。

这句话给我们带来了两个启示：一是人生要 have courage；二是人生要 be kind。有这两个作为我们生命的翅膀，一左一右，一定能让我们的生命延展得更加高远。

日拱一卒

语句解析

see you through：看着你穿过。实际含义是它能够帮助你穿过，或者是能够支持你去做某事。所以"A great secret that will see you through"就是这个伟大秘密能够帮助你穿越或者帮助你克服。

all the trials：trials 有两个意思，一是试验，二是考验或者磨难。人生中遇到的各种考验就可以叫作 all the trials。

secret：形容词，秘密的、机密的。也有"私下的、暗地里、隐藏的、神秘的"意思。It's a remote, secluded, or secret place，那是一个偏僻的、遥远的或秘密的地方。作为名词时，意思是"秘密、内情、神秘、秘诀"。比如 The secret of winning in rugby is teamwork，打赢橄榄球的秘诀在于团队合作。

What I want to talk to you about today is the difference between gifts and choices. Cleverness is a gift, kindness is a choice. Gifts are easy—they're given after all. Choices can be hard. You can seduce yourself with your gifts if you're not careful, and if you do, it'll probably be to the detriment of your choices.

Jeff Bezos

今天我想对你们说的是，天赋和选择不同。
聪明是一种天赋，而善良是一种选择。
天赋得来很容易——毕竟它们与生俱来。
而选择则颇为不易。如果一不小心，你可能被天赋所诱惑，这可能会损害到你做出的选择。

——杰夫·贝索斯

✦ 选择 ✦
善良是一种选择

这句话来自亚马逊的创始人杰夫·贝索斯（Jeff Bezos）。

这句话是他在母校普林斯顿大学演讲的时候所说的，主题是"善良是一种选择"。一开始他就讲了一个小故事，小时候祖父对他说了一句话："Jeff, one day you will understand that it's hard to be kind than clever.（有一天你会明白，善良比聪明更加难。）"整个演讲主题，一直都围绕着"选择"和"聪明"两个关键词。最后他给大家的建议是，选择才能真正塑造我们的人生，才能让自己的一生变成伟大的故事。他最后结尾时是这么说的："In the end we are the choices of ourselves. Build yourself a great story.（最终我们是我们选择的结果，所以你要自己努力去创造一个伟大的故事。）"

大家都知道贝索斯本人就创造了一个伟大的故事。他从建立一个网站卖书开始，最后把亚马逊变成了一个巨大的商业帝国。他的经营行为和管理理念影响了世界上的很多企业，包括中国的阿里巴巴和京东等互联网企业。

我想说的是，其实一个人的天赋也是非常重要的。为什么呢？因为如果天赋不在，那么什么东西都没有依据。

不过确实就像贝索斯所说的，如果一个人沉迷于自己的天赋，可能会限制自己的眼界，限制自己的选择。比如说在北大，在我身边，的确有很多具有天赋的人，他们常常以自己的各种能力为傲，如语言能力或其他能力，有的时候会沉迷进去。但是有时候，我确实发现他们的人生选择变得比较狭窄。当然，一生沉迷于自己的天赋专注做事，我觉得也不能算是一件坏事，但当这个世界上有更多的东西能够让你去选择的时候，我觉得这种选择有时候能为自己创造一个更大的世界。

我当初出来做新东方，其实不是因为我的天赋，是因为我的选择。我的天赋是待在房间里读读书写写东西，这是我内心喜欢的东西，也是一种天赋。

最重要的是，我觉得还是要去选择你认为对你的人生来说最重要的东西。就像贝索斯说的："Build yourself a great story."。当然"善良是一种选择"这个主题含义我是赞同的。世界上有很多人选择了不善良，更多的人选择了善良，我认为选择善良的人常常会有更好的结果。

日拱一卒

语句解析

gift：既可以当作礼物讲，人们送给你的礼物叫 gift；也可以当作个人的天赋、天分讲。

seduce：引诱、勾引。seduce yourself with something，引诱你自己进入某种状态，让你入迷，沉迷于某种状态。

to the detriment of something：会对……带来伤害。It will probably be to the detriment of your choice，意思是：会对你自己的选择带来伤害，因为你太沉迷于自己的天赋，所以屏蔽了自己选择的眼光。

Maybe if we knew what other people were
thinking, we'd know that no one's ordinary.
And we all deserve a standing ovation
at least once in our lives.

Wonder

如果我们了解别人的想法,
就会知道,没有人是普通的。
每个人都值得大家站起来为他鼓一次掌。

——《奇迹男孩》

◆ 呵护 ◆
每个人一生中至少有一次值得大家为他鼓掌

这句话来自 2017 年美国的一部电影 Wonder，中文翻译成《奇迹男孩》。

这部电影讲的是一个叫作奥吉（Auggie）的小男孩的故事。奥吉出生后脸部是畸形状态，他的面部皮肤进行了各种拉伸，做了十几次手术，最后也没有恢复到一个像正常男孩的外观，所以外表看上去就怪怪的。由于外表的怪异，他经常做两件事情：第一，他喜欢戴着宇航员的帽子，因为这样大家就看不到他的外表；第二，他刚开始不愿意去学校，父母就在家里精心教育他，直到他五年级。奥吉实际上不是一个笨孩子，他在数学、科学方面学得非常好。到了五年级的时候，父母觉得孩子早晚也要接触社会，就把他送到了学校去学习。

奥吉还有一个姐姐。姐姐从小到大帮助父母带奥吉，也非常爱奥吉。但姐姐内心也有很多苦恼，因为姐姐发现，从奥吉出生以后父母一直把心思放在奥吉身上，按照她的说法，父母连正眼都没瞧过自己，她心里很失落，所以行为上也有各种的不痛快和怪异。姐姐也知道，因为弟弟的样子，父母没有办法不投入更多精力给弟弟。所以她依然忍受着自己不被父母重视的痛苦，一心一意帮助父母照顾弟弟、鼓励弟弟。

奥吉的父母一直是以鼓励的方式让孩子接受自己的状态，也接受可能被别的同学嘲笑、用异样的眼光看待的事实，并且不断地帮助奥吉建立内心的自信。到了学校以后，奥吉确实被别的同学排斥，但是在和同学相处的过程中，奥吉因为一直喜欢帮助别人，也展现了自己学业上的聪慧才智，所以开始被越来越多的同学接受，无论是男同学还是女同学。最终他不仅收获了友谊，收获了尊重，也收获了很多人的爱。学校的校长和他的老师，都非常爱护他，鼓励他进一步发展。

整部电影描绘了一个温馨的家庭，以及一个温馨的社会。当然现实社会不一定如电影所描写的那样美好，但是电影表现了一个男孩的特殊的外表和强大的内心，外表如何和他是否值得尊重，是没有什么关系的，外表怪异并不等于内心丑陋。

我们还可以分享奥吉班主任布朗（Mr. Brown）跟同学们讲的另外一句话。他说："When given the choice between being right or being kind, choose kind."。这句话的意思是：当给你机会让你在正确与善良之间进行选择的时候，请选择善良。其实在现实生活中，我们也常常遇到这样的事情，到底是坚持所谓公正的、对的东西，还是坚持选择善良。我觉得人类的美好未来最终是所有的人都选择善良，而不仅仅是坚持自己认为对的东西，得理不饶人。

这部电影所表达的这两个意思，都是非常值得我们去思考并领悟的。第一，我们要接受的思想，就是任何一个人都不可以以貌取人，任何一个人的内心都有自己伟大的地方，每一个人都值得大家站起来为他鼓一次掌；第二，在对与善良之间选择善良，这比选择得理不饶人，更加符合人性，也让人类更加美好。

日拱一卒

语句解析

Maybe if we knew：表示也许我们知道，也就是实际上我们可能并不知道，所以用过去时和过去将来时表示虚拟语气。

deserve：值得。deserve doing something，表示值得去做某件事情。

standing ovation：ovation 是鼓掌的正式说法。standing ovation 就是演出到最后大家都站起来为演员或者歌手鼓掌。

at least once in our lives：在我们的生命中至少有一次。

老俞书单

1. 《理智与情感》

2. 《傲慢与偏见》

3. 《安妮日记》

4. 《草叶集》

5. 《瓦尔登湖》

6. 《红字》

老俞影单

1.《星际穿越》

2.《怦然心动》

3.《老师好》

4.《飞屋环游记》

5.《寻梦环游记》

6.《灰姑娘》

7.《奇迹男孩》

3

PART

用世间美好，
润我之心田

Studies serve for delight, for ornament, and for ability. Their chief use for delight, is in privateness and retiring; for ornament, is in discourse; and for ability, is in the judgment and disposition of business.

Francis Bacon, The Essays of Bacon

读书足以怡情，足以傅彩，足以长才。
其怡情也，最见于独处幽居之时；
其傅彩也，最见于高谈阔论之中；
其长才也，最见于处世判事之际。

——弗朗西斯·培根，《培根随笔》

·读书·
读书不是为了炫耀，而是为了提升自己

这句话选自弗朗西斯·培根（Francis Bacon）的一篇文章《论读书》("Of Studies")。我想大部分人都听说过这篇文章。弗兰西斯·培根大家都非常熟悉，他出生于1561年，是英国文艺复兴时期最重要的散文家和哲学家。他的哲学主张主要是提倡唯物主义的经验论，可以说他是西方唯物主义经验论的开创者之一。大家都知道，唯物主义经验论后来对科学实验等起到了一系列的重大作用。培根最著名的书就是《培根随笔》(*The Essays of Bacon*)。我们所选的《论读书》中的这句话，就来自《培根随笔》这本书。

由于这篇文章写得非常好，所以还有一些这篇文章中的句子大家也可以记一下，其中有两句我觉得特别好。一个是："Some books are to be tasted, others to be swallowed, and some few to be chewed and digested."。有些书可以浅尝辄止，tasted，尝一下；有些书可以完整地读完，狼吞虎咽，swallowed；但是有非常少的一些书（some few），要反复读，认真消化，所以叫作 chewed and digested。

另外一句话是："Reading makes a full man; conference a ready man; and writing an exact man."。读书让人变成一个充实的人。conference 本来是会议的意思，也指讨论，互相"会议"不就是互相讨论吗？所以 conference a ready man，变成一个随时做好准备的人，就是变成一个机智、有知识的人。而写作让人变成一个非常准确的人，

exact 表示准确、不犯错误。大家都知道，写作时每个字都要精雕细刻，要精确地运用每一个词。这篇文章在我们大学时期学英语的时候，老师都是要求我们全篇背诵的。

这篇文章讲的是读书，我们都知道读书的用处，我个人是比较同意培根所讲的这句话的。我想，读书不是为了炫耀，读书是为了两点：第一，独处读书的时候，你是身心愉悦的，尤其是读自己喜欢的书，可以从早上一直读到晚上，甚至整天都可以一动不动。第二，我觉得读书主要有两个作用。一是增强你的思考能力和增加你对世界的多维度看法，因为不同的书、不同的思想、不同的观点使我们能够打开眼界；二是也能提升我们的能力，比如你读管理的书也好，读领导力的书也好，包括读科学的书也好，都能使我们面对现实世界处理问题的能力迅速提升。

总而言之，读书一定能够让我们有更加美好的人生。有一句话叫作"腹有诗书气自华"，我们读书以后，整个人的气质、外表，都会给人带来一种感觉——这个人是一个能够更加让人信任、让人佩服、有学识的存在。当然，我们就能赢得更多尊敬。

日拱一卒

语句解析

serve for:为……服务。

delight:开心。

ornament:本来是装饰或者装饰物的意思,这里可以翻译成炫耀、吹牛。for ornament,为了炫耀,像装饰物一样让人看。

in privateness:在独处的时候,私下。

retiring:本意是退休,这里作为名词来用,独处或者是一人待着不跟人打交道的状态。

discourse:谈话、对话,或者是讨论。

in the judgement:文中表示"在判断力的提升上"。

disposition:布置。表示挪动位置,或者是处理、处置某种事情。position 表示位置,dis- 表示不,disposition,把位置挪一下,就是指对某种事情的处理。

She walks in beauty, like the night
Of cloudless climes and starry skies;
And all that's best of dark and bright
Meet in her aspect and her eyes:
Thus mellowed to that tender light
Which heaven to gaudy day denies.

George Gordon Byron, She Walks in Beauty

她走在美的光彩中,像夜晚
皎洁无云而且繁星满天;
明与暗的最美妙的色泽
在她的仪容和秋波里呈现:
耀目的白天只嫌光太强,
它比那光亮柔和而幽暗。

——乔治·戈登·拜伦,《她走在美的光彩中》

·美好·
诗歌是诗人对生活的欣赏

这是一首非常美的诗歌,它来自英国的大诗人拜伦。我相信大家对拜伦都不陌生,他的长诗《唐璜》很多人都读过。我们选的是一首他的短诗,翻译成中文叫作《她走在美的光彩中》,这首诗的翻译者是查良铮先生。查良铮是民国时期的诗人,也是很有名的翻译家。大家熟悉的金庸先生是查良铮的堂弟,金庸的原名叫查良镛。

据说这首诗的写作灵感来自拜伦在一个舞会上,第一次见到了自己的表妹霍顿夫人(Lady Wilmot Horton)。这个表妹非常美丽,当时正在服丧,穿着点缀金色装饰物的黑色丧服,她美丽的容貌、优雅的仪态,一下子击中了拜伦的心灵,让他顿时产生了如五雷轰顶般的、那种叫作爱情的感觉。所以他第二天就写了这首诗,留下了他当时见到表妹的惊鸿一瞥的心情。

整首诗完全是押韵的,night、bright、light和skies、eyes、denies构成了六行描写美人的完美的诗歌。大家可以反复诵读和体会,这是特别美的一种描述。

其实在中国古代,描写美人的诗歌也非常多、非常美,我给大家引用两首。第一首不确定到底是谁写的(据说是司马相如所作),叫《凤求凰》。这首诗大家其实都比较熟悉,表达了思念美人却见不到的那种千回百转的感觉。

有一美人兮，见之不忘。
一日不见兮，思之如狂。
凤飞翱翔兮，四海求凰。
无奈佳人兮，不在东墙。
将琴代语兮，聊写衷肠。
何日见许兮，慰我彷徨。
愿言配德兮，携手相将。
不得於飞兮，使我沦亡。

还有一首比较有名的是唐代诗人骆宾王写的《咏美人在天津桥》：

美女出东邻，容与上天津。
整衣香满路，移步袜生尘。
水下看妆影，眉头画月新。
寄言曹子建，个是洛川神。

大家可以看到，其实古今中外，有无数的文学家描写过美人的仪态。

人类社会发展到今天，对于美人的欣赏从来没有停止过，也正是无数的美人出现，带给人类世界无限美好的遐想，以及美好的爱情和相思。对于我们来说，欣赏这样一首由著名诗人拜伦所写的描写美人的诗歌，也会给我们日常生活带来些许美好的惊喜。

日拱一卒

语句解析

beauty：美丽。

clime：表示气候、环境、地方。climate 就是 clime 演化来的。

starry skies：繁星满天。

bright：表示亮丽、明快的。

aspect：这里指人的仪态或外表。

Meet in her aspect and her eyes：意思就是在这个夜空中，最美好的黑色的和明亮的东西，都完全符合女子的仪态和眼神。

mellow：这里表示柔和、圆润。就是说柔和的光线和女人的仪态和眼神，完全 mellow 到了一起，而且是相融到一种非常美的状态。

Which heaven to gaudy day denies：倒装句，为了 denies 和 eyes、skies 押韵，正常语序是 Which heaven denies to gaudy day，如果在白天有耀眼的阳光，老天绝对不会呈现这么美的状态。

The service of the fruit is precious, the service of the flower is sweet, but let my service be the service of the leaves in its shade of humble devotion.

Rabindranath Tagore

果实的事业是珍贵的，花朵的事业是甜美的，但是让我做叶的事业吧，叶是谦逊的，专心地垂着绿荫的。

——拉宾德拉纳特·泰戈尔

✦ 谦逊 ✦
越懂得谦逊，越容易成功

这个句子来自印度的著名诗人拉宾德拉纳特·泰戈尔（Rabindranath Tagore）。关于泰戈尔，我相信大部分人从初中、高中到大学一直都在读或者背泰戈尔的诗。我们那一代人成长的过程中，因为还很少能接触到别的诗人，泰戈尔是在中国一直被宣传的一位诗人，所以我们读了很多泰戈尔的诗。20世纪80年代的一代人，包括著名的诗人海子、顾城都受到过泰戈尔的影响，实际上民国时期的很多诗人也都受到泰戈尔的影响，比如徐志摩和戴望舒等。当年泰戈尔来中国访问的时候，是徐志摩亲自担任泰戈尔的翻译的。

关于这句话我有两个感悟。第一个感悟，其实不管是果实、鲜花还是绿叶都是很珍贵的，因为它们是一个整体，是一个植物的整体，就像一个人的成就和名声都很重要，但是更要有那种谦虚的为人处世的态度一样，它们会形成一个整体。如果一个人只有嚣张，只有炫耀，但是没有谦虚，没有善良的话，那么他一定是没有根基的，也是很容易出问题的。

如果人一辈子都谦卑，但是没有理想，或者说没有志向，不愿意去为自己的目标而奋斗，只剩下谦卑本身，那也是没有意义的。所以从做人的角度来说，一方面我们的底色必须是谦虚的，另一方面我们展示的成果，不管是水果还是鲜花，只要能给人带来 precious 的感觉，能带来 sweet 的感觉，我觉得就是正常的。

第二个感悟，我想从领导力的角度来分析一下泰戈尔的这句话。这句话实际上表达了就像树叶为人提供绿荫一样，一个人越有能量，越要为别人提供服务，要有一种谦虚的态度、献身的精神。大家稍微想一下，你追随任何一个领导者，如果他是自私的、以自我为中心的，那么这样的领导人是不值得追随的，他也很少会有真心的追随者。即使有人追随他，大多也是为了眼前的利益或地位，而不是真正从心底里佩服。真正的领导者，像印度的解放者甘地、南非的曼德拉，为什么那么多人去追随他们呢？很明显，就是因为他们是在为整个民族的幸福平等而努力奋斗，他们在奉献自己的生命。

另外，从企业管理的角度来说，我觉得一个领导者或者管理者如果能够把最珍贵、最能够外在展示自己成就的东西让给别人，比如the fruit, the flower，自己默默地为这些人服务，那么这样的领导人和管理者才是最优秀的。

这是我从泰戈尔的这句诗中所得到的感悟。泰戈尔还有很多著名的句子，其中有一句"生如夏花之绚烂，死如秋叶之静美"，我特别喜欢。它的英文原文是这样的："Let life be beautiful like summer flowers and death like autumn leaves."。我觉得这句话也是给人一种超然的美感。我们生要像夏天的鲜花一样怒放，生命绽放出绚烂的色彩来；我们死的时候，就平静地离去，就像秋天的树叶静静地落下来，但是依然充满美丽。

日拱一卒

语句解析

the service of the fruit：水果带来的服务，就是水果的精华。

the service of the flower：花朵带来的服务，或者花朵给人带来的感受。

let my service be the service of the leaves：让我的善意或者事业，成为树叶的事业，像树叶一样提供服务。

let...be...：让……成为……。Let my greetings be my friendship to you，让我对你的问候变成我对你的友谊。

in its shade of humble devotion：通过谦虚的、谦卑的贡献，来提供绿荫。

The mother is everything. She is our consolation in sorrow, our hope in misery, and our strength in weakness. She is the source of love, mercy, sympathy, and forgiveness.

Kahlil Gibran

人的一生中，母亲就是一切。
悲伤的时候，她给予我们慰藉；
痛苦的时候，她给予我们希望；
软弱的时候，她给予我们力量。
她是慈爱、怜悯、同情与宽恕的源泉。

——哈利勒·纪伯伦

·母爱·
愿时光能善待我的母亲

这句话是关于母亲的，来自哈利勒·纪伯伦（Kahlil Gibran），大家比较熟悉的一位诗人。

纪伯伦出生于黎巴嫩，小时候，由于父亲酗酒加上暴力，他对父亲一直没有好感。但是他的母亲非常精明能干，并且关注他的学习，特别注重培养他，这使他在一个有着母爱的温馨环境中长大。后来他的父亲因为税收问题入狱，母亲带着纪伯伦到了美国，定居在波士顿，所以纪伯伦接受了西方教育。母亲去世以后，他又回到了黎巴嫩，在黎巴嫩进一步学习阿拉伯文，之后到欧洲进修。1911年之后，他定居美国纽约，直到去世。

因为接受了不同教育，他的作品既可以用英文写，也可以用阿拉伯文写。他是阿拉伯近代文学的开创者之一，在阿拉伯文学史上，有着崇高的声誉。由于他对西方文化和文学的了解，在西方人的心目中，纪伯伦又是一个让人去看到东方世界的璀璨的、有才华的文学天才。所以，纪伯伦在东西方都有很大的影响。

20世纪30年代，中国就引入了纪伯伦的文字。当时冰心翻译了他的一部散文诗集，叫作《先知》(*The Prophet*)。现在在中国随时都可以买到纪伯伦的文集，有全集，也有单个作品。

我们来看一下纪伯伦关于母亲的这段话，从中可见母亲对他的影响有多大。天下只有母亲是最无私的，母亲对孩子的关心也是最真诚的，所以如果一个孩子遇到一个好母亲，那么这个孩子的健康成长就成了一种必然。我觉得好母亲主要有以下几个特征。

第一，母亲本身的道德品质和人格人品都是非常好的。因为只有具备健全人格人品的母亲，才能培养出人格健全的孩子。所以我觉得对于母亲来说，最重要的第一个要素就是人格人品。她能够培养孩子坚韧不拔的精神，培养孩子的乐观精神，培养孩子正确地面对世界的一种能力。这是母亲要做的第一步。

第二，母亲要做到鼓励孩子学习和探索，而不仅仅是计较孩子的成绩。因为成绩是非常狭隘的，如果孩子在学校考试的成绩是被老师逼出来的，是死记硬背背出来的，孩子在上学的时候就会对学习失去兴趣。对学习失去兴趣这件事情才是可悲的。只关心孩子的学习成绩，不关心孩子的个性成长，这恰恰就是本末倒置了。所以我觉得作为母亲，应该时时激发孩子的学习兴趣，保护孩子的好奇心和探索精神，而不应该只是关注孩子的成绩。要明确地向孩子传递这样的信息：成绩好固然好，但成绩不好并不影响我们的学习态度，也不影响我们的探索精神。这件事情非常重要，为了激发孩子的学习和探索精神，我觉得母亲最重要的一件事情就是要带着孩子从小进行阅读，鼓励孩子读书。

第三，要让孩子理解世界、融入世界。一个母亲对世界是怎样的看法，是乐观的还是悲观的，是积极的还是消极的，是理解的还是不理解的，是热爱的还是仇恨的，都会给孩子带来直接的影响。所以尽管这个世界有很多坏的事情，也有很多不可预料的危险，但是整体来说，带着孩子融入世界、理解世界，让孩子在世界中分辨善恶并且从善如流，我觉得这是母亲要做的特别重要的一件事情。只有当孩子学会了热爱世界并且拥抱世界时，他才能够在世界上有所发挥。一个对世界害怕、恐惧并且逃避的人，到最后恐怕不会被这个世界接纳，很难在世界上找到自己的舞台。

第四，我觉得一个母亲或者父亲最大的作用就是给孩子安全感，让孩子知道他的背后是有亲情作为依靠的，父母会随时张开双臂来拥抱自己。孩子在外面遇到任何风雨，回到家里都有一个温馨的港湾为他遮风挡雨，这样孩子就有强大的安全感。一个有强大安全感的孩子，探索世界的勇气就会不断地增加，他就会愿意闯世界。为什么呢？因为他知道背后有一面挡风的墙在保护他，有一个温暖的房子在等着他。所以从这个意义上来说，孩子们面对未来世界的恐惧就会减少。在给孩子安全感的同时，我们要努力地鼓励孩子走出去闯世界，不要把孩子养得像在温室里的花朵一样，到最后没法经历风雨见世面。

所以我觉得如果一个孩子的母亲，能做到以上四点的话，就是一个合格的母亲，就完全能够做到纪伯伦所说的母亲的角色，是consolation in sorrow，hope in misery，strength in weakness，是source of love，mercy，sympathy，forgiveness。

日拱一卒

语句解析

consolation：动词是console，安慰、抚慰某人。consolation是名词，表示安慰、抚慰，在悲伤中的安慰是consolation in sorrow。

misery：形容词是miserable，可怜的、悲惨的。

mercy：慈悲。

sympathy：同情，形容词是sympathetic。

forgiveness：原谅、宽恕，动词是forgive。I will forgive you，我会原谅你。

Shall I compare thee to a summer's day?
Thou art more lovely and more temperate:
Rough winds do shake the darling buds of May,
And summer's lease hath all too short a date.

William Shakespeare, The Sonnets

我怎么能够把你来比作夏天?
你不独比它可爱也比它温婉:
狂风把五月宠爱的嫩蕊作践,
夏天出赁的期限又未免太短。

——威廉 · 莎士比亚,《十四行诗》

✦ 诗歌 ✦
夏日短暂，但友谊永恒

在这样一个夏天快要到来的时候，我想起了威廉·莎士比亚的一首诗，就是 Shall I compare thee to a summer's day，我非常高兴跟大家分享这首诗。在我的心目中，所有读者，所有学生，都是像夏天一样美丽的人，莎士比亚这首诗也能够表达出我对所有学生的祝福和我对你们的爱。

莎士比亚是一个伟大的剧作家，我们所熟悉的《哈姆雷特》等伟大的戏剧都出自莎士比亚，这些作品到今天依然长盛不衰。除了写戏剧以外，其实他也是一个诗歌高手，他写的《十四行诗》英文叫作 *The Sonnets*，总共写了150多首。这150多首诗歌很有意思，前126首是献给一位俊美的贵族友人的，是个男士，在所有的诗歌中莎士比亚都赞颂了他的美貌和他们的友情。后面大概28首是写给一位黑人女士 Dark Lady 的，但是我们并不知道这位黑人女士到底是谁。

因为他写的大量诗歌献给了一位男士，所以还有人猜测莎士比亚可能是同性恋。但是不管怎样，莎士比亚的伟大的作品，包括《十四行诗》，以及他的戏剧，都在人类历史上留下了不朽的功绩，是人类戏剧史和精神文化史中不朽的丰碑。我们分享的这首诗大家或多或少应该听说过，因为它是莎士比亚《十四行诗》中最著名的一首。

这四句话是梁宗岱先生所翻译的，这版翻译有点拗口，但是被认为是最具文学功底的翻译。我还会给大家看一下梁实秋先生的翻译，对于我们现在的文化功底来说，显得更加通俗易懂。

看完了这四句话以后，我们把整首诗再读一遍，因为如果不阅读整首诗，我们实际上抓不住它的全貌。

> Shall I compare thee to a summer's day?
> Thou art more lovely and more temperate:
> Rough winds do shake the darling buds of May,
> And summer's lease hath all too short a date.
> Sometime too hot the eye of heaven shines,
> And often is his gold complexion dimm'd;
> And every fair from fair sometime declines,
> By chance or nature's changing course untrimm'd;
> But thy eternal summer shall not fade,
> Nor lose possession of that fair thou ow'st;
> Nor shall Death brag thou wander'st in his shade,
> When in eternal lines to time thou grow'st:
> > So long as men can breathe or eyes can see,
> > So long lives this, and this gives life to thee.

梁实秋先生的中文翻译是这样的：

> 我可能把你和夏天相比拟吗？
> 你比夏天更可爱更温和；
> 狂风会把五月的花苞吹落在地，
> 夏天也嫌太短促，匆匆而过：

有时太阳照得太热，
常常又遮暗他的金色的脸；
美的事物总不免要凋落，
偶然的，或是随自然变化而流转。
但是你的永恒之夏不会褪色；
你不会失去你的俊美的仪容；
死神不能夸说你在他的阴影里面走着，
如果你在这不朽的诗句里获得了永生；
　　只要人们能呼吸，眼睛能看东西，
　　此诗就会不朽，使你永久生存下去。

这个翻译就有点口语化了，看了以后大家就明白这首诗在讲什么了。

Sometime too hot the eye of heaven shines：the eye of heaven 是指太阳，太阳照耀得太热了，too hot 是前置的。

And often is his gold complexion dimm'd：gold complexion 是说人的外表，外表的肤色。这里是讲贵族有可能有金色的肤色，由于太阳的照耀被弄得暗淡了，也可以指太阳的照耀太炫目了，让眼睛变得 dim 了。

And every fair from fair sometime declines：fair 是名词，相当于 beauty，再美的事物也会 declines，总会衰退。

By chance or nature's changing course untrimm'd：有时候是偶然发生的事情，有时候是自然的流变。四季流转就是孔子所说的"逝者如斯夫，不舍昼夜"。untrimm'd 就是不被修剪、不被关注了，因为它衰退了，就不再被人关心、不再被人打扮修剪了。

But thy eternal summer shall not fade：但是永恒的夏天是不会褪色的。

Nor lose possession of that fair thou ow'st：ow'st 是中古英语，相当于 own，拥有。你拥有的美丽是不可能不被拥有的，是不会失去的。

Nor shall Death brag thou wander'st in his shade：就是死神也不能够来夸口。brag 是吹牛夸口，你会在他的阴影中走动。徘徊彷徨叫 wander，wander'st，st 放进去也是中古英语用法。

When in eternal lines to time thou grow'st：line 是指诗歌的一行一行，经过时间的考验，你在这个时间中不断地成长。to time thou grow'st，就是说你不会死了，你会不断地成长。

So long as men can breathe or eyes can see：so long as 是"只要"，只要人能呼吸，只要眼睛能看见。

So long lives this, and this gives life to thee：诗歌就会永远存在下去，this gives life to thee，它就会把生命永远地给你。

分享完这样一首美丽的描写了友情、爱情和永恒的诗歌，大家从诗歌中可见莎士比亚对这个贵族友人的感情是多么深沉、多么真挚。祝各位和自己的朋友、爱人的所有友情和爱情一直永恒下去，像莎士比亚描述的夏天这样美丽！

日拱一卒

语句解析

Shall I compare thee to a summer's day：thee 相当于 you，是中古英语的用法。这句话的意思是：我能把你比作一个美丽的夏日吗？

Thou art more lovely and more temperate：art 相当于 are。temperate 翻译成温和的、温婉的。

Rough winds do shake the darling buds of May：rough winds 的意思是狂风、粗暴的风，rough 表示狂暴；do shake，do 表示强调，do make it 就是一定要做到；buds，花蕾，darling buds 就是那种春天时候的美丽花蕾。

And summer's lease hath all too short a date：lease 本意是租赁，这里指 a period of time，比如 a new lease of life 就是生命的新一段时光，比如你生病后做了手术活过来了，就是 The god gives you a new lease of life；hath 等于 has；all too 表示强调，就是实在太怎么样了，比如 You are all too nice，你实在太好了。

To travel hopefully is a better thing than to arrive,
and the true success is to labour.

Robert Louis Stevenson

满怀希望的旅行比到达目的地更美好,
真正的成功在于努力的过程。

——罗伯特·路易斯·史蒂文森

· 过程 ·
但问耕耘，不问收获

这个句子来自 19 世纪英国小说家、作家、旅行家罗伯特·路易斯·史蒂文森（Robert Louis Stevenson）。

我们只要说他的一本小说，大家大概就明白他是谁了，这本小说叫《金银岛》(*Treasure Island*)，是他写的。他写得很好的还有游记。因为他从小身体不好，感觉人世无常，希望用自己有限的生命去感受大千世界的美好，所以他就钟爱旅行。尽管他的父母一直认为旅行是浪费时间，但是史蒂文森坚持通过旅行认识世界，并且把自己的旅行经历写成游记。

史蒂文森确实活得不长，44 岁就因病去世。他特别看重自己度过的每一天，而不是追求某一个结果。因为当发现自己人生无常，说不定哪一天就没了的时候，他深刻意识到，追求结果是没有意义的，所以他追求的就是人生的过程。也因为他关注人生每一天的过程，每一天所得到的新鲜感受和感悟，旅游到新地点以后自己及时记录，他的文字反而呈现了旅行过程中的美丽。我们选的这句话恰恰表达了他的这种心态。

中国有一句话，"但问耕耘，不问收获"，据说这句话出自曾国藩。但这句话不管是谁说的，其实表达了同样的意思。所谓"但问耕耘"，就是我们在耕耘的季节要对种下去的作物进行除草、施肥、浇水，这是耕耘的过程；"不问收获"其实不等于不要收获，实际上表达的意思是，只要我们把耕耘做好了，收获就自然会来到我们身边。如果你想到秋天时有满满的收获，但是既不去除杂草，也不去浇水，那么你到最后永远收获的是 nothing，什么都没有。

所以对于我们来说，做事情的一个重要环节就是要把过程做好，结果会自然到达。这并不意味着我们不要到达，而是 "to travel hopefully is better, a better thing than to arrive"。到达目的地依然是重要的，但是当我们心中只以到达为目的时，所有的过程都会变得非常无聊枯燥。比如说，高考以获得高分为目的，整个习得知识过程中的快乐、对知识本身的吸纳，以及在我们获得知识过程中的人生成长，反而会变成无关紧要的东西。这就是为什么我们从小学、中学，甚至到了大学，一路过来都会觉得学习是一个极其枯燥无聊的事情。

当我们的眼睛只看着未来的目标时，人生其实是没有意义的。因为我们的生命如一张空白的纸，如果在沿途经过的时候，没有任何深刻的感悟和收获，那么我们就只是到达了目的地，一声欢呼就离开这个世界，背后什么也没有得到。所以从这个意义上来说，我觉得史蒂文森讲的这句话很有道理。我自己一直就有一种感觉，我宁可一辈子在路上，每天欣赏不同的风景，做着不同的或者同样的事业，每天感受不同的人生，得到不同的体会，而不愿意最后到达一个终点时说：我终于做成这件事情了，从此以后我可以撒手不管了。

这句话的后一部分说 the true success is to labour。中国也有一句话，"劳动者是快乐的"。实际上如果一个人一天到晚躺在床上什么也不干，他不可能觉得自己快乐。人生最不幸福的事情，就是生命中充满了无聊和厌倦。但是我们一旦开始劳动，通过劳动获得某种过程中的幸福，最终能获得成就的时候，劳动本身就是一种成功。所以我相信大家对这句话都有感悟，其实过程中的幸福比结果更重要。

史蒂文森还有另一句话:"Judge each day not by the harvest you reap but by the seeds you plant."。翻译过来是:"判断一天过得好不好,不要看你收获了多少,要看你种下去了多少种子。"这句话的意思也很明确,收获本身尽管很好,但是收获以后毕竟什么都没了。当你种下了种子,以后你就会有期待,就能看到种子蓬勃地生长,最后一颗种子长成一棵树,继而成为一片森林。所以人在期待中生活,永远比收获了以后再也没有期待要更好。

日拱一卒

语句解析

labour:劳动、劳作的意思。

Sometimes when you take two ordinary things and put them together at just the right time, there's a chance they'll become two less ordinary things.

E. B. White, Charlotte's Web

有时当你把两个很平常的东西在恰当的时间放到一起时,它们就有可能变得不再平常。

——E.B. 怀特,《夏洛的网》

✦ 互助 ✦
多帮助他人，能让生命变得更有意义

这句话来自美国作家 E. B. 怀特（E. B. White）的一本小说，叫作《夏洛的网》(*Charlotte's Web*)。我相信不少中国儿童，包括有些成人，都读过这本小说。

这句话的意思大家也都非常清楚，两个普通的东西放在一起，最后可能就会产生化学反应、合力作用等，在正确的时间就有可能变得不那么普通了。

举个简单的例子，一根木头在水中漂着，没法变成一个可以载人的工具。但是如果把两根木头捆在一起放在水中，那么人就可以站在这两根木头上。两根木头捆在一起就保持了平衡，它就可以成为在河流中载着人航行的工具。所以我们常常会发现，一个人做不了的事情，两个人在一起就有可能做到。

这句话表达了这样的意思：作为一个普通人，付出自己的努力，过着平凡的生活，这是很正常的。但是如果你不愿意付出自己的努力，变得平庸，或者说是变得懒惰了，这是不允许的。中国有一句家喻户晓的成语，来自《周易》，叫作"二人同心，其利断金"，也表达了和这句话同样的意思。两个人同心协力地去干一件事情，什么都能做到，其力量是可以"断金"的。中国还有一句俗语叫作"单丝不成线，独木不成林"，跟我们本文所讲的英文句子意思也是一样的。

E. B. 怀特一直被认为是美国最优秀的儿童文学作家之一。他写过两本在美国几乎家喻户晓的读物：一本叫作《精灵鼠小弟》，另一本就是《夏洛的网》。很多学生，以及写作者也很熟悉他，因为他还参与写作了一本叫《风格的要素》的书，是关于作文和惯用法的，是对学习语言很有价值的一本小册子。

《夏洛的网》还被拍成了电影。它主要讲的是在一个谷仓里面，一群动物快乐地生活着，其中小猪威尔伯和蜘蛛夏洛友谊深厚，但是后来传来了一个非常糟糕的消息，就是威尔伯未来的命运是会被做成熏肉火腿。作为一只猪，威尔伯非常绝望、悲痛，不能接受自己的命运。这个时候小蜘蛛夏洛对威尔伯说，我能救你。于是夏洛就用自己的一生织出了被人类视作奇迹的网上文字，挽救了威尔伯的命运，让他有一个安享天年的未来。但蜘蛛夏洛用尽了全部的力气，把自己的丝给吐完了，走到了生命的尽头。后来，威尔伯怀着悲伤和感恩的心情抚养了夏洛的孩子。

电影里面有一句话特别让人感动。夏洛在快要去世的时候，对威尔伯说了一段话："生命到底是什么呢？我们出生，我们活上一阵子，我们死去。作为一只蜘蛛，一生只忙着捕捉和吃苍蝇是毫无意义的，通过帮助你也许可以提升一点我生命的价值，谁都知道，活着该做一点有意义的事情。"这段话也是我们每一个人应该认真倾听和思考的话。其实我们活着光是吃睡确实是毫无意义的，总是要去做一些对生命有价值的事情。而其中对生命最有价值的事情，就是在与人相处时多为对方着想，多帮助自己的朋友，多帮助自己的亲人，多帮助那些值得我们去帮助的人。

帮助他人，才能让我们的生命变得更加有意义。

日拱一卒

语句解析

ordinary：ordinary 这个词，不要翻译成平庸的或者说没有用的，它表示"普通的、不起眼的"。比如，我们每个人都是 ordinary person，因为天才毕竟很少。但是这个世界上为什么有那么多的事情能够做成呢？中国有一句话叫作"三个臭皮匠，顶个诸葛亮"，也就是说几个人的才智、能力加起来，最后就可能会做出 less ordinary things，就是"不那么平常的事情"。这个单词不要跟另外一个带有贬义的单词混淆。这个带有贬义的单词是 mediocre，是平庸的意思。有一句英文是这么说的，"We can be ordinary, but should not be mediocre"（我们可以普通，但是我们不可以平庸）。

Everything about him was old except his eyes and they were the same color as the sea and were cheerful and undefeated.

Ernest Hemingway, The Old Man and the Sea

他身上的一切都尽显老态，除了那双眼睛，它们像海水一般蓝，是愉快而不肯认输的。

——欧内斯特·海明威，《老人与海》

✦ 坚韧 ✦
保持大海一样明快的眼睛

这句话来自大家非常熟悉的欧内斯特·海明威（Ernest Hemingway）的小说《老人与海》(The Old Man and the Sea)。我特别喜欢读海明威的小说，尤其是《老人与海》。记得在大学时，我常常拿着《老人与海》的英文书，跑到未名湖畔的树林里去高声朗读。我对小说中描述的老人不服输的精神充满钦佩，对小说语言的灵活和生动也有一定的感悟。这个句子来自这部小说的开头。

海明威的一生是传奇的一生，他写了很多小说，包括《老人与海》，还有我们在大学时常常读到的《太阳照常升起》(The Sun Also Rises)、《永别了，武器》(A Farewell to Arms)、《丧钟为谁而鸣》(For Whom the Bell Tolls)，还有一本比较薄但是跟《老人与海》一样有名的小说叫作《乞力马扎罗的雪》(The Snows Of Kilimanjaro)。这些小说都是海明威写得非常好的作品。海明威本人也体现了一个硬汉形象，他因为写小说获得了很多奖项，并且在1954年因《老人与海》获得了诺贝尔文学奖。

《老人与海》的故事讲的是一位老人捕到了一条大马林鱼，这条大马林鱼拖着老人和船一起往海里走，老人死死拉着不放，搏斗了两天两夜后终于杀死了这条大鱼，把它拴在船边想往回拉。结果很多鲨鱼前来抢夺他的战利品，老人又开始和鲨鱼进行斗争，也杀死了一些鲨鱼，但大鱼依然难逃被鲨鱼全部吃光的命运。最后等老人靠近岸边的时候，整个大鱼只剩了一副鱼骨架，最终这个老人也没有得到大马林鱼。但这正是海明威想要展现的精神实质：一个人经过了一生的奋斗，也许最后什么都得不到，但是他至少得到了勇气，得到了一生的经历，得到了坚韧不拔的精神，得到了顶天立地的人格。

这个句子本身带给人的感悟，其实也很简单，人只要精神不老，就永远不会老。而人的精神不老显示在他的眼神中，显示在他对生命的态度中。你的眼神永远对新鲜事物、未知世界、战胜困难，充满好奇闪闪发光，the same color as the sea，像大海一样明快、明亮，那么你的生命就永远不会在绝望之中，你的生命就会焕发出那种 cheerful 和 undefeated 的精神色彩。我相信不管是老人还是年轻人，不管是男人还是女人，谁遇到这样的人，都会很快就喜欢上。因为这样的人能给你生命的力量，给你不可打败的精神动力。我也希望我们每一位读者生命中都能够拥有这样一种力量。

日拱一卒

语句解析

except：除了……之外，是排除性的。比如说"Everyone can go except you"，除了你以外每个人都能去，就是你不能去，所以 except 是排除性的。整个小说刚开始描写的是一个消瘦憔悴、脖子上布满皱纹、脸上长满了黑斑、已经很老的一位老人，但是在这个过程中说了这么一句话，说他身上什么东西都很老了，就是眼睛不老。大家都知道眼睛代表了人的精气神，所以是 except his eyes。

undefeated：来自 defeat，打败，defeated 就是被打败了。这个单词让我们想起了《老人与海》中的另外一句更加著名的话："A man can be destroyed, but not defeated."。一个人可以被粉碎，但是不能被打败。destroyed 是"打碎了、打破了、破坏掉了"，就是你可以把我一枪给崩了，但是你想打败我是不可能的。defeated 是海明威在这个小说中常常用到的一个词，前面加上 un- 就是不能被打败，永远不肯认输。

The real voyage of discovery consists not in seeking new landscapes but in having new eyes.

Marcel Proust

真正的发现之旅,不在于寻找新的风景,而在于拥有新的视角。

——马塞尔·普鲁斯特

✦ 视角 ✦
用崭新的视角，才能发现崭新的世界

这是法国著名作家马塞尔·普鲁斯特（Marcel Proust）的一句话。说起普鲁斯特，我相信大部分人都记得他写过一部著名的小说《追忆似水年华》。这是一部篇幅非常长的小说，总共分成七部。他是用意识流的方法来写的。所谓意识流，就是特别注重描写人的情感和精神层面，而对于小说的故事情节不是很在意，情节是通过对人的意识和潜意识等心理活动的描写而成的。

普鲁斯特是欧美用潜意识和意识流来写小说的第一人，他极大地影响了欧美现代派作家的文学写作。我们选择的这句话，相信大家读完以后也应该会有所感悟。

大家都知道，人们实际上所面对的世界都是一样的，眼光不同所看到的风景和方向就不同，内心产生的情感也不同。无数的人生活在陕西，生活了一辈子，但是很少有人能像贾平凹那样写出有关陕西的精彩的小说和散文；无数的人生活在山东，很少有人能像莫言那样把山东的风俗民情通过小说的形式写得这么好。

大部分人面对的物理世界是同一个世界，人文环境以及文化世界也是同一个，但是心灵和眼光的不同构成了对这个世界的看法和表述的不同。有的人只是把它看作日常生活，有的人可以从日常生活中提炼出自己的诗歌、散文、小说或者理论。我们之所以生活得与众不同，一定是因为我们的眼光和思想不一样。

所以在这里我想讲四点。第一点，思维的改变决定了人的改变。世界上所有的动物加在一起，如果有一种动物是可以走出自己的界限的，那么这种动物就是人。只有人可以走出自己所在的村庄、城市和国家，可以走到世界任何一个角落，甚至可以超越这个星球的万有引力，最后走向太空。所以思维的改变，实际上决定了我们的改变，尽管物质世界和环境对我们的影响很大，但是只有人是可以逃离物质世界的束缚，改变物质世界的。所以一定要相信，我们的心、灵魂以及思想，决定了生命的一切。

第二点，一个人的眼光的高度和角度，决定了他是否比别人更加优秀。同样面对艰难困苦的生活，有的人妥协和屈服，就意味着他从此放弃了人生奋斗；而有的人能在绝境或者困境中崛起，最后以自己的成就、尊严来向世界展示自己不屈不挠的精神，展示自己的成功。所以任何时候我们要训练自己的不是要赚多少钱，也不是应该拥有多少物质，最重要的是，要训练自己找对眼光的高度和角度。我们要时时"having new eyes"，要不断有新的眼光，才能比别人更加优秀。

第三点，一个人寻求新的环境和思想，依然是很重要的。如果我们到美国或者世界上其他任何地方著名的大学去留学，碰上著名的教授、思想家，我们就一定能够改变自己的思想。在我们的生命中，交往到水平比我们高得多的朋友，我们的水平也一定会不断提高。所以对我们来说，如果在一种环境或者思想体系中，我们不能发挥自己、表达自己、成就自己，那么我们就应该去寻找新的环境和思想范畴。对于我们来说，人不能被环境困死，所以寻找新的环境很重要，而且新的环境一定会激发出新的思考。

第四点，每个人在世界上都想要寻找新的机会，但是机会是靠自己判断出来的。面对同样的事件，有很多人创业创新，最后成就了自己的事业，但是也有很多人到最后一事无成，这跟自己的思想和眼界密切相关。阿里巴巴的马云作为一个文科生，能够看到互联网世界巨大的商机，这就是拥有超前眼光及判断力所带来的重大结果。所以对我们来说，不断提升自己的眼光，磨炼自己的判断力，发现新的机会，对人生十分重要。

日拱一卒

语句解析

voyage：旅行、航程。比如一艘船从中国到日本，这就是一个 voyage。voyage of discovery 就是发现之旅、发现的路径、发现的航程。

consists not in...but in...：词组 consists in 意思是在于、拥有，consists not in...but in...，不在于……而是在于……，"consists not in seeking new landscapes but in having new eyes" 意为不在于寻找新的风景，而在于拥有新的视角。

landscape：风景、风光。scape 表示一个领域、一个范围，landscape 通常是指陆地的风光，如果是指海上风光，可以用 seascape。

The only people for me are the mad ones, the ones who are mad to live, mad to talk, mad to be saved, desirous of everything at the same time, the ones who never yawn or say a commonplace thing, but burn, burn, burn, like fabulous yellow Roman candles exploding like spiders across the stars, and in the middle, you see the blue center-light pop, and everybody goes ahh!

Jack Kerouac, On the Road

我只喜欢一类人,他们生活狂放不羁,
说起话来热情洋溢,疯狂地等待被救赎,
对生活十分苛求,希望拥有一切,
他们对平凡的事物不屑一顾,但他们渴望燃烧,
像神话中巨型的黄色罗马蜡烛那样燃烧,渴望爆炸,
像行星撞击那样在爆炸声中发出蓝色的光,
令人惊叹不已。

——杰克·凯鲁亚克,《在路上》

✦ 行走 ✦
燃烧起来，追求生命的极致

这个句子来自美国作家杰克·凯鲁亚克（Jack Kerouac）的《在路上》(*On the Road*)。《在路上》是一部特别有名的小说，杰克·凯鲁亚克代表了美国20世纪60年代"垮掉的一代"。小说写于1951年，当时这部小说是用一部打字机，加上一卷120英尺长的打印纸写成的。全书既没有分段落，也没有分层次，凯鲁亚克一口气在20天的时间内，写成了这样一本书，基本上是以一种意识流的方式，来追踪主人公萨尔在追求个性的同时途经纽约、旧金山、墨西哥，横穿整个北美大陆，与一帮朋友相处的感悟和人生经历。

这本书特别能代表20世纪60年代"二战"以后美国长大的一代人的状态。他们无所事事，不知道生命的意义在哪里，开始寻求生命的意义。这部小说一经出版，就引起了轰动。由于小说中涉及牛仔裤及煮咖啡机，所以美国几乎一天之内就卖掉了几千万条的牛仔裤、上百万台的煮咖啡机。同时，它促使无数的年轻人踏上了漫游之路，通过漫游来寻找自己人生的意义。这刚好契合了小说的名称。

凯鲁亚克自己也是一个不安分的人，他一直在路上，根据多年的经历写出这样一部小说，并且之后他的人生也是在追求个性！1969年，他在佛罗里达去世，享年仅47岁。虽然他活得并不是很长，但影响很大。到今天为止，这本书在美国依然是一部畅销书。

我们选的这句话是小说开头主人公萨尔所说。

它讲的是，有这样一种人，一切都要做到极致。他们热爱生活，渴望生活，疯了一样地渴望做各种事情，对任何平庸的东西都不屑一顾，像火焰一样燃烧，直到把自己烧尽为止。他们追求的是一种精彩的生活。这个句子跟我们书中第四章的《反思：真正想做比一直在做更重要》中的句子有类似之处。那个句子讲的是，一个人应该做所有的事情——旅行、出名、革新、陷入爱情、赚钱、丢钱、裸泳等，但是一定要以善良为核心来做这些事情。本文的句子其实和它有异曲同工之妙。美国20世纪60年代的年轻人，找不到生命目标，但是又想要生命燃烧，活得光辉灿烂。对于我们很多人来说其实也是一样的，谁都不愿意平庸地过一辈子。其实不管你想不想燃烧，你总在烧。不管是烧得旺，像焰火一样灿烂满天，像阳光一样明媚，或者是像幽暗的火一样没有任何热情，不管你烧到70岁、80岁还是90岁，反正一辈子你终归会烧完。到底怎样的燃烧才更好？当然是发出伟大光彩的燃烧，就像我们前面讲的一个词 iridescent，从内到外发光的感觉。

我觉得人的一辈子其实是一个自我补充能量的过程，并不会因为你更加努力去燃烧自己，就会烧得很快。而是一个人越是愿意去燃烧自己，能量补充得越足，可能烧得越长久。所以对于我们来说，让生命充满热情，追求生命最极致的状态，做出让自己也感叹的事情来，这是我们生命的一种伟大的追求。

日拱一卒

语句解析

mad：mad to do something，像疯了一样地想要去做什么事情，相当于 crazy to do, very desirous to do something。

desirous of something：表示对……渴望，desirous of everything at the same time 就是同时对所有的东西都很渴望。

yawn：打哈欠，对……无精打采。

commonplace：老生常谈的、平庸的、很平凡的。

fabulous：发出光彩的，发出火焰的，非常奇异的，抓住人的注意力的。fabulous 可以形容很多东西，比如 fabulous story 是非常了不起的故事，fabulous clothes 是非常好看的衣服。

yellow Roman candles：指古代罗马燃烧的巨大的黄色蜡烛。这种蜡烛火苗爆炸开来，exploding，就像火星四溅。

like spiders across the stars：就像蜘蛛穿过星空一样。这是一个英语的习惯用法，可以当成一个成语来看，就是说很多蜘蛛在空中来回飞舞，就像我们看到眼前金星直冒的那种感觉一样。

the blue center-light：火焰中间的蓝色部分。

pop：发出噼里啪啦的声音，作为动词来用。see something pop，看到什么东西噼啪作响。

There's a crack, a crack in everything.
That's how the light gets in.

Leonard Cohen

万物皆有裂痕，那是光照进来的地方。

——莱昂纳德·科恩

✦ 坚持 ✦
裂缝是光照过来的地方

这句话来自加拿大歌手莱昂纳德·科恩（Leonard Cohen）。这是他的一首著名的歌曲里面的歌词，这首歌曲叫作"Anthem"。莱昂纳德·科恩是出生于加拿大蒙特利尔的歌手、演员、音乐家，同时他也是小说家和诗人。很多人都把他称为"摇滚乐界的拜伦"。大家都知道拜伦是英国写诗歌写得非常深刻的诗人。科恩首先是以诗歌和小说在文坛成名的，他的小说《美丽失败者》（*Beautiful Losers*），被评论家认为是20世纪60年代以来的经典作品之一。他的代表作还有歌曲专辑 *Ten New Songs*。电影《我是你的男人》是他的纪录片。

"Anthem"这首歌描写的是人们在日常生活中的一种挣扎、勇敢和希望。这首歌描述鸟儿们会在黎明时候唱歌，每天都会不断唱歌。歌曲希望人类能像鸟儿一样不要沉迷于过去，不要期待太多的未来，而是要过好现在的生活。战争总会进行，和平鸽也总有被绑架的时候。生活中不管有多少痛苦，总会有阳光透露进来，给人们一些希望。

这句话直接翻译出来就是：万物总有裂痕，一旦裂痕出现，光线就会照射进来。它给我们以深刻的启示。不管我们的生活多么令人绝望，生命中遇到多少艰难困苦，遇到多少不完美，我们总能看到希望，看到阳光有一天会从我们努力撬开的裂缝中透进来。

这让我想起了新东方的口号。30年前，我创立新东方的时候就受到马丁·路德·金的启发，为新东方制定了一句口号，叫作"在绝望中寻找希望，人生终将辉煌"。当时我被北大辞退，或者说我因为受到北大处分而主动辞职，出来以后身无分文，开始在培训领域艰苦地试验。我总觉得人不应该放弃自己，放弃自己就什么也没有了。

中国著名的企业家褚时健去世时，很多网友都回顾过他的一生，他有一句话也深深打动了大家，他说过："人除非自己想趴下，没有人能够把你打趴下。"我觉得这句话和我们现在所讲的这句英语，以及新东方的口号实际上是一样的内涵。人类最大的能力就是永远能够看到自己的希望。一个人最不应该放弃的就是希望。

没有人能够顺顺利利地度过一生，不管处于什么样的场景、何种状态，总会碰到绝望的事情，有时候是物质上的绝望，有时候是精神上的绝望，但是一旦我们在绝望中放弃，那么万物必将不会出现任何裂缝，我们也必将永生待在黑暗之中。但是一旦我们能够奋发起来，对未来寄予希望，那么早晚有一天光线会从我们努力撬开的裂缝中照射进来，我们终会走向阳光灿烂的明天。

这首歌给我们带来的是希望，人类因为希望的存在将会永远向前。希望我们每一个人的生命中都有 the light gets in。希望我们能一起把书中所挑选的英语句子朗读熟练，并且让这些句子所蕴含的思想照射进我们的心灵。

日拱一卒

语句解析

crack：名词，是裂纹、裂缝、缝隙的意思。

the light gets in：get in 是进入、到达、陷入、收获的意思。the light gets in，意思是光照进来。

Yesterday is history, tomorrow is a mystery,
but today is a gift,
that is why it's called the present.

Kung Fu Panda

昨日已成历史，明日尚未可知，今天是上天赐予我们的礼物，
这就是为什么我们称之为现在。

——《功夫熊猫》

✦ 当下 ✦
过好每一天，才是给自己最好的礼物

我们要讲的这个句子来自大家非常熟悉的一部动画片《功夫熊猫》（*Kung Fu Panda*）。

当时《功夫熊猫》在中国上映的时候，十分火热，很多人都去看了。后来《功夫熊猫》又拍了第二、第三部，照样也受到了大家的追捧。《功夫熊猫》中常常有一些金句，尤其是第一集中那个老乌龟说的话，真的是让人非常受触动。我们先来学其中一句话，这句话来自《功夫熊猫》中龟师傅对阿宝，就是功夫熊猫说的一句话。

大家都知道，《功夫熊猫》讲的是熊猫阿宝追逐自己梦想的故事。这部电影给我带来了两个最大的感受：第一个是，当你内心真的有梦想的时候，应该不惜一切代价地去追逐它。阿宝的养父希望他能够经营祖传的面馆，但是他一心一意就是想要学功夫，对大师充满了敬仰之情。第二个是，任何时候都要有一种机缘巧合的帮助才能成大事。坦率地说，阿宝是被选定了来拯救整个小镇和所有生命的，同时他还有一帮朋友，如竹叶青蛇、猴子、丹顶鹤、华南虎、螳螂，他们最后都变成了他的朋友来帮助他。我认为当你拥有一帮朋友的时候，这帮朋友一定能够跟你一起，团结在一起做出更大的事情。当然拥有朋友的前提是你自己能给朋友带来力量，给朋友带来帮助。

这句话本身也值得我们回味。我们常常会沉湎于过去的历史中，很多人因为过去受了挫折和伤害不能自拔，所以内心总有一根刺在不断地刺痛甚至刺伤自己。与此相反，有的人就老想着明天，明天会有多好，未来会有多好，不在今天付出自己的努力和劳动。就像这句话说的，明天有的时候是 a mystery（一个神秘的东西），是一个尚未可知的东西。我们要期待明天，但是不能光想着明天而不管今天，所以这句话实际上是说要活在当下，today is a gift（今天是上天赐予我们的礼物）。

我自己做事情，会在每一天都要求自己做值得回味的事情，或者说让自己的生命更加丰盈的、有长进的事情，会要求自己抓住当下的时光，不要浪费每一分钟，这才是重要的。我们要静下心来，抓住人生中最重要的东西不断坚持，从而让自己不断进步。

讲到这里，又让我想起了《功夫熊猫》中另外一句话。这句话是这么说的："Your mind is like this water, my friend, when it is agitated, it becomes difficult to see, but if you allow it to settle, the answer becomes clear."。这句话的意思是：你的思想就像是一汪水一样，我的朋友，它被搅动以后，在水中的任何东西都看不清了。但是要是你让水平静下来，人生的答案就变得非常清晰了。

所以大家可以看到，这样的语言常常给我们带来某种心灵开悟，一方面我们要追求当下，另一方面我们要让心灵平静下来，让我们的生命变得更加清澈，变得更加美好。

日拱一卒

语句解析

present：作为名词，有礼物的意思，跟 gift 是同义词。但是加上 the 之后，present 还有另外一个意思，即现在、当下，既有礼物的意思又有当下的意思，所以它是一个双关语。

agitate：搅动、搅和。

settle：平静、安定。settle down，就是安静下来、平静下来的意思。

Life cannot be contained. Life breaks free, it expands to new territories and crashes through barriers, painfully, maybe even dangerously, but life finds a way.

Jurassic Park

生命无法限制。生命挣脱桎梏,它会拓展新的领域,突破所有障碍,这可能充满痛苦,甚至非常危险,但是生命总会找到自己的出路。

——《侏罗纪公园》

✦ 打破障碍 ✦
生命总会找到自己的出路

　　这句话选自美国著名的电影《侏罗纪公园》(*Jurassic Park*)。《侏罗纪公园》是著名导演斯皮尔伯格在 1993 年导演的一部电影，它讲述了人类通过基因使恐龙复活而产生的一系列难以预料的事情。故事中有人性的较量，有人与动物的较量，也有人类的自大以及想要控制生命的尝试，提出了很多经验教训。

　　这是一部非常有名的电影，电影刚上映就受到了人们的追捧。原因很简单，1993 年时，电脑特技运用得还非常少。《侏罗纪公园》把恐龙复活得惟妙惟肖，就像是真的动物一样，这是很不容易的事情！电影本身我们就不讲了。由于《侏罗纪公园》第一部的成功，后来拍了第二部和第三部，大家如果有兴趣的话，可以到网站上找出来看看。这句话是电影中的主角之一马尔科姆（Malcolm）博士，在实验室面对克隆出来的恐龙幼崽所发出的一段感慨。

　　不管是人的生命还是动物的生命，生命一旦诞生，就有自己的发展路径。我们从出生以后慢慢成长，到一点一点地有自己的意识、自己的思想、自己的主张、自己的个性、自己的眼光、自己的格局，就是突破了最初的柔软的、脆弱的生命对我们的限制，才让我们从思想上到肉体上变得越来越强壮。

　　所以每个人的生命，都是在不断地 breaks free（挣脱桎梏），不断地 expands to new territories（拓展新的领域），不断地 crashes through barriers（突破所有障碍）的过程。也只有具有这样的意识，我们的生命才会变得越来越广阔、越来越有价值。如果我们总是被限制住，不管是被我们的身体、思想、社会习俗限制住，还是因为我们的精神不能突破某种局限，我们的生命都会过得非常有限，甚至是非常猥琐。所以我们要记住，只要是有生命的个体，那么 life finds a way，生命总会找到自己的出路。当然作为人来说，我们通过不断地突破自我，才能寻找到真正辉煌的道路！

对于自然界，不管是植物还是动物，我们要尊重生命，因为任何一个生命诞生，都会让人感到敬畏或者惊叹。每一个生命都有它自己的价值，所以要敬畏生命，让生命变得更加丰富，这也是我们人类应该做的事情之一。只有通过不断地保护大自然中的生命，才能有一个美丽的大自然跟我们人类和平共处，提高我们个人的生活水准，拓展生活空间。总之，对于我们来说，尊重生命，理解生命，突破生命，发挥生命，是我们来到这个地球上最重要的任务之一。

日拱一卒

语句解析

contained：本意就是包容在一个容器中的意思。容器是 container。这里表达的意思是被限制住，相当于 limited，被圈定在一定的范围之内。

break free：挣脱并走向自由，比如马把缰绳挣脱走向自由。

expand：扩大、扩展，尤其是在一定范围内不断扩大，名词是 expansion。

new territories：新的领地。比如一个动物占领新领地，并且在新的领地中不断扩大地盘。

crash：指两个东西相撞或者是冲破、粉碎。两辆汽车撞在一起叫作 car crashes，这里用作动词。crash through 就是冲破，通过把东西撞碎了冲出去。

barriers：指各种障碍，人为的或者天然的障碍。

find a way：找到出路。生命总会找到出路，所以我们常常鼓励人说"there's always a way"，总会有出路的。

Remember, hope is a good thing, maybe the best of things and no good thing ever dies!

The Shawshank Redemption

记住,希望是美好的,也许是人间至善,而美好的事物永不消逝。

——《肖申克的救赎》

✦ 希望 ✦
希望也许是世界上最好的东西

我们要讲的这个句子来自著名的电影《肖申克的救赎》。我相信大家对这部电影应该都不陌生,有的人甚至看了不止一遍。我本人看了三遍,深深地为电影的情节和主人公安迪的故事所打动。

安迪是一个被冤枉后关进监狱的人,他一直希望有一天自己能够走出监狱来证明自己的清白。他用一个小小的工具,在一幅画后面的厚厚的监狱墙上打了一个大洞,在一个雷雨交加的晚上,他终于逃出了监狱。他不光是为自己报仇,还公布了监狱里的监狱长贪污的事实。整部电影让人很感动,比如电影中主人公安迪跟各种人打交道的能力及坚韧不拔的精神。

整个句子表达的一个核心概念是:人心中只要保留了希望,保留了对未来的期待,那么我们的生命早晚都会发出光彩。对于我们来说,其实一个人,只要心中有希望,哪怕现实再困难,还能比《肖申克的救赎》中安迪的那种困境还差吗?只要我们的命留着,只要给我们足够的时间,希望总会到来。希望的事情也许有一天就能变成现实。

我开始做新东方的时候,是非常艰难的,所以当时我对自己说了一句话来鼓励自己:"在绝望中寻找希望,人生终将辉煌。"后来这句话就成了我自己的精神支柱,当我遇到任何绝望的、困苦的、无解的事情时,我有两种能力:第一,怀抱希望,知道这种困境早晚有一天会过去,并且为逃离这些困境不断坚持,不断付出努力;第二,就是等待，当有些事情眼前不能解决的时候，就等待最好的时机，就像电影中的安迪等待一个雷雨交加的晚上，最终逃出了监狱一样。

讲这句话的时候，我心中浮现起了中国著名诗人食指所写的一首诗《相信未来》。我是可以把这首诗从头背到尾的，我可以给大家背一段："当蜘蛛网无情地查封了我的炉台，当灰烬的余烟叹息着贫困的悲哀，我依然固执地铺平失望的灰烬，用美丽的雪花写下：相信未来。"大家从这段诗中也能领悟到：哪怕再失望，哪怕再贫困，只要我们相信未来，希望就一定会来到，好的生活和好的梦想就一定会变成现实。

同时，我也利用这个机会，祝我们各位朋友能够坚持希望，未来的生活、工作和个人发展会越来越好。

I suppose, in the end, the whole of life becomes an act of letting go. But what always hurts the most is not taking a moment to say goodbye.

Life of Pi

我猜人生到头来就是不断放下,
但最令人痛心的永远是来不及好好道别。

——《少年派的奇幻漂流》

·告别·
人生最令人痛心的就是，来不及好好道别

这是一句有关再见的话，选自一部大家比较熟悉的电影 *Life of Pi*，中文翻译成《少年派的奇幻漂流》。

《少年派的奇幻漂流》这部电影讲述的是一个印度孩子的故事。印度男孩派（Pi）的父亲拥有一个动物园，派整天和动物在一起，对动物和人的本性都有着深刻的了解。在派17岁那年，父母决定要举家移民去追求更幸福的生活，但是乘坐的货船不幸在海上遇到暴风雨，船体倾覆，只有派和孟加拉虎理查德·帕克（Richard Parker）最后活了下来。派和理查德·帕克在救生小船上漂流了227天，经历了重大的生理和精神考验，最后战胜困境，获得新生。

当派和帕克被冲上海岸的时候，派已经习惯了老虎的存在，但是老虎帕克到了海岸，头也不回地就走进了丛林，派还没有来得及跟老虎说再见，老虎就离开了，所以这成了他的一个心病。当他看到老虎离开又没有好好道别时，他潸然泪下，说出了上面这番话。

这个世界上有两件事情最让人情绪产生波动，或者说最能在感情上引起波澜，给我们带来痛苦。第一个就是 letting go（放下），我们拥有的很多东西都没法 letting go。比如说我们曾经恋爱过，到对方不爱我们时，我们不能 let him go 或者 let her go；我们拥有了财富，把它看得比天还重，不能 letting go；当我们的朋友离开的时候，友情已经消散了，我们还是不能 letting go。人是一种很执着的动物，一

种想要拥有、占有的动物，所以在生命中，我们总是不能让该走的赶快离开，对于该留下的却又不珍惜。比如说我们的亲情、友情，有时候我们也不够珍惜，而面对该 letting go 的东西却又舍不得。

另外一个就是，人与人之间，take a moment to say goodbye（来得及告别）确实是非常重要的。当我们想要跟人说再见的时候，a moment to say goodbye 是对人的一种安慰。比如亲人病重，我们在外地工作来不及回去，结果等到回家的时候也许亲人已经去了另外一个世界，我们都没来得及见最后一面，这会变成我们心中一辈子的痛。我父亲去世的时候我在北京，脑溢血两个小时就过去了，当时从北京到家乡的火车要 30 个小时，等我到家的时候，我父亲身体冰冷已经差不多两天了。所以我没有 take a moment to say goodbye to my father，到今天为止还是我心里的一个痛。

在人生中，我们该放下的就要放下。父母和子女之间总要分离，就像小鹰长大了总要离开老鹰，在天空中飞翔一样。同时我相信，不管怎样，就像我刚才说的，在另外一个场合总会相见。我们今天能够在一起，已经是一种缘分，缘分都是要几生几世才能够修来的。未来也许在马路上，也许在公园里，也许在电影院，也许在咖啡厅，我们还会相遇。

总而言之，不管是说再见还是不说再见，我们都在这个世界上。在这个世界上，我们在追寻，我们在努力，我们在奋斗，我们在为自己的人生更加美好而努力。所以见与不见，我都在这里；再见不再见，你也在那里。用一首诗来做结尾，这首诗就是《班扎古鲁白玛的沉默》，作者是扎西拉姆·多多。

> 你见，或者不见我
> 我就在那里

不悲不喜

你念，或者不念我
情就在那里
不来不去

你爱，或者不爱我
爱就在那里
不增不减

你跟，或者不跟我
我的手放在你手里
不舍不弃

来我的怀里
或者
让我住进你的心里
默然 相爱
寂静 欢喜

我最喜欢最后四个字"寂静欢喜"。人生就是在平静中度过自己的一生，把内心的激情内化成自己的动力，欢喜地留下自己的生命痕迹。我也非常喜欢李商隐的那首诗："君问归期未有期，巴山夜雨涨秋池。何当共剪西窗烛，却话巴山夜雨时。"人生总是这样分分合合，离离散散，最后有机缘就相聚，没机缘就遥远地问候。但是人生总是能碰到自己的知音，希望我们每一个朋友都能够有这样的生命境界，生命在离离合合的状态中不断变好，最终跟我们喜欢的人在一起。"何当共剪西窗烛，却话巴山夜雨时"，让我们过一个寂静并且欢喜的人生。

日拱一卒

语句解析

I suppose：相当于 I think，我认为、我感觉。
letting go：让……离开，让……走，放下念头，放下执念。
hurts the most：最让人心痛的。

You have to do everything you can, you have to work your hardest, and if you do, if you stay positive, you have a shot at a silver lining.

Silver Linings Playbook

你需要尽你所能,最大限度地去努力。只要你能这么做,只要你能保持乐观,你就能看见一线希望。

——《乌云背后的幸福线》

✦ 克服 ✦
每一个绝望的境地，都有希望存在

这句话来自一部很好玩的电影《乌云背后的幸福线》(*Silver Linings Playbook*)，电影讲的是男主角帕特（Pat）因为被妻子抛弃，感情失败以后去接受精神治疗，一直相信自己能挽回妻子的感情，但是最终没有挽回。在这个过程中他遇到了自己新的爱人，叫蒂凡尼（Tiffany），两人从不和、吵架到相知相爱，经历了一系列的好玩并让感情不断升温的事。整部电影实际上讲的是：人的情感总会在某个点上找到自己的归宿，我们孤独地在人世生活，总会有友情或者爱情出现，只要我们深信这一点，幸福终将来临。

我觉得人生在世，就是一个不断努力的过程。人总会遇到很多不如意，如工作上的不如意、感情上的不如意，甚至有的时候会陷入某种绝境中。在这个时候，我觉得人最主要的要有两种状态。第一种状态是要努力地扛过去，努力地顶过去，内心要有这种感觉，就是"天将降大任于斯人也，必先苦其心志，劳其筋骨"。你要想到的是，遇到的困难只是为未来更好的幸福做垫脚石，你经历了"不经风雨怎么见彩虹"这种感觉以后，未来一定会变得更好。

第二种状态是理性地来分析，你所遇到的东西最终是不是能克服，能争取到。如果没有的话，有没有可能有新的、让你感到更加有希望的或更加能够成功的局面出现。比如说在这部电影中，帕特一心一意地认为能够挽回妻子的感情，但到最后也没有如愿。在这个过程中他遇到了新欢蒂凡尼，终于理解了人的感情其实是可以转移的，而且转移以后也许会达到一个更加幸福、和谐的状态。

人生大概就是在两种状态中进行选择：一种是坚持下去最后迎接光明，一种是放弃过去走向未来。不管这两种心态你选择哪一种，上面最后一句话都是对的，stay positive（保持乐观），一定要相信自己，要有正能量。"You always have to keep your mind you will have a shot at a sliver lining."，最终总会有希望存在，最终总会云开日出、阳光灿烂，这是我们在人世间生存和发展的最重要的心态。

日拱一卒

语句解析

work your hardest：其实它是 work hard，就是动词加副词的延伸。your hardest 有点名词化了，但实际上依然起到了副词的作用。work your hardest 就是尽最大努力去工作，尽最大努力去争取。

stay positive：positive 是积极的、正向的，它的反义词是 negative，负面的。所以 positive energy 就是正能量，negative energy 就是负能量。

have a shot at：可能会达到什么地步，或者是有可能会达到什么状态，所以 have a shot at something 或者 have a shot at doing something 就是有希望达到什么状态，有可能达到什么状态。比如 "Do you think we have a shot at the championship?" 就是 "你觉得我们有得到冠军的可能性吗？"。

silver lining：来自谚语 "Every cloud has a silver lining."，意思是 "黑暗中总有一丝光明"。就是在一个黑暗和没有希望的状态中总会有希望出现，这个很像是新东方原来的校训 "在绝望中寻找希望，人生终将辉煌"。所以当你劝一个人要乐观一点的时候，你可以说 "Look at the bright side, and remember that every cloud has a silver lining."，意思是：要往好的方面看，要记住每一朵乌云都有银色的衬层，每一个绝望的境地都会有希望存在。

Great men are not born great,
they grow great.

The Godfather

伟大的人不是生下来就伟大的,
而是在成长过程中显示其伟大的。

——《教父》

✦ 成长 ✦
成长让人变得伟大

我们讲的这句话来自电影《教父》(*The Godfather*)。

这部电影有三集，拍自 1972 年到 1990 年，在 2007 年被美国电影协会选为百年百佳影片的第二位。在美国人心目中，这部电影影响深远，可以说是无人不知，无人不晓。中国的很多人也是非常熟悉这部电影的。

电影中教父也是黑手党的领袖。在一般人非黑即白的观念中，黑手党就是黑帮头目，就是坏人。但是这部电影中的教父，是一个拥有多重身份和多面个性的角色。教父不仅有一个身份，不仅是一个黑帮领袖，也是一种精神象征。作为一个男人，教父树立了一个完美的典范，他对自己的事业负责，对家庭负责，坚守自己的信仰。影片中的教父，尤其是第一代教父的小儿子迈克（Michael），经历了丧妻之痛等磨难，后来经过努力成为第二代教父，最后终于成为一个非常成熟，甚至是让人闻风丧胆的黑道老大，同时他又是无数平民的保护神。正是这样一个充满矛盾又充满魅力的角色，使教父的人物性格变得如此丰富，也使这部电影如此流行。电影中各种曲折复杂、动人心弦的故事情节，令人印象深刻。

我们选的这句话，恰恰跟教父的人物个性有关系。它展示了老教父柯里昂的小儿子迈克，经过各种艰辛以后成为成熟教父的成长历程。

这句话既是电影主题的总结，也可以是对我们任何一个人成长的总结。大家心目中的很多成功人士或者伟人，其实都有普通平凡的一面。例如，毛泽东曾经是师范学校的一个普通学生，后来成长为领导中国革命的伟大领袖。邓小平 13 岁时只是在他的家乡一所普通小学里读书，后来到了重庆也只是一个普通的小伙子，最后沿江而下到达上海，再到法国，在法国工厂工作了几年，也没有真正读过大学。但在改革开放的岁月中，他领导中国人民取得了改革开放如此伟大的成就，奠定了中国走向世界、走向繁荣、走向全民兴旺的伟大基础。

我们看到的很多企业家也是如此。比如，马化腾原来是一个程序员，后来做了公司的老板，在腾讯的早期其他合伙人很多次都想把腾讯卖掉，但是由于他的坚守和坚持，腾讯才最终成为中国今天互联网领域的巨擘。

每一个人都是在不断成长的。我个人其实也是在不断成长的过程中，尽管不能算是 great man，但是逐渐成长为一个比原来更加丰满、更加有自信、更加愿意面对风雨的人。我是一个农村孩子，经历高考到了北大，从北大辞职出来创业，经历各种艰难困苦、各种不可预知的挑战和困难，在每一次自我奋发中成就自己或者说让自己的生命变得更加丰富。希望我们每一个朋友，都能通过自己的努力，面向世界，让自己的生命能够丰富起来，you grow great（在成长过程中显示其伟大）。

To see the world, things dangerous to come to,
to see behind walls, to draw closer,
to find each other and to feel.
That is the purpose of LIFE.

The Secret Life of Walter Mitty

开拓视野，冲破艰险，洞悉所有，贴近生活，
寻找真爱，感受彼此。这就是人生的目的。

——《白日梦想家》

✦ 体验 ✦
停止幻想，去奔跑，去经历，去热爱！

这个句子来自美国一部很受欢迎的电影《白日梦想家》(*The Secret Life of Walter Mitty*)。之所以翻译成《白日梦想家》，是因为影片讲述了男主角沃特·密提（Walter Mitty）追梦的故事。沃特是一个非常内敛、爱做白日梦但又不敢去实现梦想的普通白领，整天在办公室里想着美好的生活，又不敢突破自己。有一天他的公司被并购了，影片中的另外一个角色、摄影师肖恩（Sean）的一卷胶卷决定了杂志 *LIFE*（《生活》）最后一期的成败，但是这个胶卷意外失踪了。所以作为底片资产部职员的沃特不得不，或者说是终于迈出了第一步，去寻找胶片。他在途中经历了各种艰难险阻，也改变了自己的个性，改变了自己的人生。整个片子展示了很多世界的奇异风光，所以在影片中我们可以看到美丽的冰岛、巍峨的喜马拉雅山，还有沃特在雪山中孤独前行的镜头。

当然，在男主角停止幻想，踏上寻找底片的冒险之路后，他终于找回了自我，找回了勇气，同时"白日梦"也成真了，最后还俘获了真正的爱情。我们选的这句话，是电影中男主角公司的杂志 *LIFE* 上面印的一句话。直译就是：要去看这个世界，要去体会有危险的事情，要看到墙后面去，看穿事情的本质，要贴得更近。意思就是朋友之间要走得更近，要互相发现对方，并且互相去感受，这就是生命的目的（the purpose of LIFE）。

人生在世，一辈子也就是这么多的事情。再次说回中国古话，"人挪活，树挪死"。人类生活的地球那么大，如果我们一辈子连地球上通过我们自己的努力可以去的角落都不能看到的话，毫无疑问这辈子是过得不值得的。就像我常常说的，我来到北京，在北京生活，由此走过中国很多城市，由于自己的事业，后来又走向了世界。我经历了很多 things dangerous（艰难险阻），但是我也 see the world，看到了这个世界。

　　同时，由于你要创业，做事业，要去研究，去获得知识，获得智慧，所以你不得不 see behind walls（看穿这个世界），人生的层次又更高了一级。除了看现实世界的视野不断扩大以外，你的思想境界也不断地变得更加深邃，不断地涉及更远并且更深刻的东西，这也可以叫作 see behind walls。由于自己的人生经历，你会离很多东西都很近。人生的英雄主义，就是在洞察了世界以后，依然能够热爱这个世界。所以在我们和世界离得更近，看出了世界的黑、看到了世界的白之后，我们依然能够愿意欢快地在这个世界上生活，这才是真正的生活态度。

　　所以到最后你会去 find each other（发现和理解对方）。你一定会 find each other 好的方面，也会 find each other 坏的方面，当你发现了一个人身上的优点和缺点以后，你依然热爱这个人，那么毫无疑问你们就是真正的朋友，就可以走到一起。最后 to feel（去感受），这个"feel"不仅仅是指人与人之间的 feel，人与人之间当然要 feel，两个人坐着一句话不说，但是能感觉到对方在身边的时候的一种安全感和美好，这就已经到了一种 feel 的地步，两个人的关系超出了语言。我们还可以 feel 其他东西，比如早上阳光灿烂，晚上晚霞满天，我们静静地看着，这也是一种 feel；音乐的旋律慢慢地流进我们的耳朵，贯穿我们的整个身心，这也是一种 feel。总而言之，我们可以 feel 的东西很多。

当人的一生能够做到这些——看世界，经历危险，洞察世事，离生命更近，朋友之间互相发现、互相理解，体会世界上一切美好，那么毫无疑问这就是圆满的生命。所以说"That is the purpose of LIFE."。LIFE 四个字母全部大写是因为杂志本身的名字就叫 LIFE。所以通过学习这句话，我希望每个人能够更多地拥抱世界，拥抱生命，拥抱生活，让生命更热烈一点，更加热爱生活，这也许就是我们活在世界上的意义所在！

日拱一卒

语句解析

behind walls：就是到墙后面去看。"窥探隐私"可以叫作 see behind walls，这里指看穿这个世界。

draw closer：draw 是"拉"的意思，draw closer，拉得更近，就是人与人之间要拉得更近，要贴近生活。

to find each other：就是互相之间去发现对方，也就意味着去理解对方。

to feel：要去感受。不光要去看，还要去感受。

If you don't walk out,
you will think that this is the whole world.

Nuovo Cinema Paradiso

如果你不出去走走,你就会以为这就是全世界。

——《天堂电影院》

✦ 眼界 ✦
看更大的世界，成为更好的自己

我们分享的这句话来自大家熟悉的电影《天堂电影院》(*Nuovo Cinema Paradiso*)。

这部电影我看过两遍，每次看的时候都感触良多。这是一部意大利电影，整部影片讲述了小镇上的男孩萨尔瓦托雷（Salvatore）的故事。他小名托托，很喜欢看电影，所以每次小镇上的放映师阿尔弗雷多（Alfredo）去放电影，他就蹭到那里去看电影。有一次阿尔弗雷多想让更多人看到电影，就从窗户里对着广场上放露天电影，突然胶片着火了。尽管托托把放映师从房间里拖出来了，但是从此阿尔弗雷多双目失明。托托成了全镇唯一能放电影的人，于是就接替阿尔弗雷多在小镇上放电影。

但是阿尔弗雷多反复告诉这个孩子：外面的世界很大，你不能只待在小镇，你必须到外面去感受这个世界，经历这个世界以后你再回来，世界就不一样了。所以阿尔弗雷多就对他说了刚才我们读的这句话："If you don't walk out, you will think that this is the whole world."。后来托托在经历了爱情和失恋以后，去参军服役，最后成了著名的艺术家。他再次回到小镇的时候，看到了阿尔弗雷多给他留下的老胶片。由于各种接吻的亲密镜头不允许放出来，这些老胶片是原来放电影的时候，被神父剪掉的，所以这些老胶片就留了下来。阿尔弗雷多把老胶片连接起来交给了托托，当托托见到这个老胶片的一瞬间，他发现自己才真正明白了生命的意义。

我看到这部电影时，就会想到自己是怎么走出农村的。其实在最初的时候，我在农村高中读书时，有一位老师是从城里下放来的右派。1976年粉碎"四人帮"以后，老师就敢说话了。当这个英语老师发现我是一个很喜欢学习的人的时候，他就对我说："这个世界大得很，不要就待在农村，像你这样的人一辈子待在农村蛮可惜的，最好认真学习走出去。"我后来听了他的话，确实很认真地学习，最后也确实走出了农村，进入了一个更加广阔的世界。新东方现在的校训格言，用英文讲就是"A Better You, A Bigger World"，意思是"更好的你，更大的世界"。

我觉得人的一辈子就是不断地把自己变得更好，走进更大的世界，去感悟生活，体会人生，并且为社会做出更大贡献的过程。每个人都会活在自己的世界中，待在自己的舒适区就不想再走出去了。大部分人一辈子都局限于自己的眼光或者自己的胆量，最后没有创造出精彩的人生和多彩的生活。

每次我回到自己的家乡时，看到我小时候继续待在农村的那些伙伴，很多人省城都没去过，甚至连县城也没去过。他们眼中是没有太平洋、没有世界，更没有宇宙的。尽管他们也非常自足地生活在自己的圈子里，但是我觉得人生在世一辈子，这么一个伟大的世界等着你，无论如何，我们要尽自己的全部力量去感受这个世界。就像这句话所说的，"If you don't walk out, you will think that this is the whole world."，我们千万不能认为我们眼界所及看到的世界就是我们的全部世界。

老俞书单

1. 《培根随笔》

2. 《先知》

3. 《哈姆雷特》

4. 《莎士比亚十四行诗》

5. 《金银岛》

6. 《夏洛的网》

7. 《老人与海》

8. 《太阳照常升起》

9. 《永别了,武器》

10. 《丧钟为谁而鸣》

11. 《乞力马扎罗的雪》

12. 《追忆似水年华》

13. 《在路上》

14. 《美丽失败者》

老俞影单

1.《功夫熊猫》

2.《侏罗纪公园》

3.《肖申克的救赎》

4.《少年派的奇幻漂流》

5.《乌云背后的幸福线》

6.《教父》

7.《白日梦想家》

8.《天堂电影院》

PART 4　每一天的努力，都是为了活得精彩

The beautiful thing about learning is nobody can take it away from you.

B. B. King

学习的美好之处，没人能从你身上把它拿走。

——雷利·B. 金

✦ 无可替代 ✦
学习的美好之处，没人能从你身上把它拿走

这句话来自美国著名歌手、吉他演奏家，被称为"蓝调之王"的雷利·B. 金（B. B. King，原名 Riley B. King）。雷利·B. 金出生于一个黑人贫困家庭，从小在密西西比河边长大，密西西比河边的文化氛围以及教堂里的各种音乐对他产生了巨大影响。他从小就有对音乐的执着追求，由于对音乐的喜欢，他从农村来到了一个叫孟菲斯的美国城市，在那儿当广播电台的主持人，逐渐开始学唱歌和弹吉他。1950 年，他的那首"Three O'Clock Blues"一曲成名，他成为美国公认的 blues 音乐家，blues 就是蓝调的意思。雷利·B. 金后来获得过很多的奖项，包括格莱美奖终身成就奖，还有美国总统乔治·W. 布什为他颁发的总统自由勋章（Presidential Medal of Freedom）。

实际上雷利·B. 金的成功并不那么容易，1950 年他唱了那首成名曲以后，有很长一段时间，他其实并不被美国人接受。因为在 20 世纪 50 年代前后，美国对黑人还有种族歧视，他真正被接受时已经是 1970 年左右了。他一生非常勤奋，大概从 20 世纪 60 年代开始，一直到 2015 年他 90 岁高龄去世，几乎每年都要在各个城市开共计上百场演唱会，有的年份 200 多场，有的年份 300 场。同时他也积极参与各种音乐录制工作，留下了很多经典唱片。

他说的最让人感动的话是："其实我不太会弹吉他，我也不太会唱歌，但是当我唱歌的时候，弹吉他的时候，我要让整个音乐融入我的

血液中。尽管我的吉他弹得不好，但是我的吉他本身也是会唱歌的。"这句话表明，要对自己所从事的事情付出跟对生命一样的热爱，把这种热爱融入自己的血液中去，早晚都会取得非常好的成就。

我曾经在很多年前写过一篇文章，题目是"与其学会挣钱，不如让自己变得值钱"。这句话的意思其实很简单，你挣完钱以后存上了，就算你每年挣钱数量有一定的增加，但是实际上如果自身的价值不能提高的话，到最后还是一个穷困的人。为什么？因为你挣的钱，以及外化的东西，包括买的车、房子都有可能被人拿走，只有在你脑袋中储存的知识、智慧、经验、眼光是没有任何人可以从你身上拿走的。

实际上人一生中最重要的事情，就是要去做那些 nobody can take it away from you（没人能从你身上把它拿走）的事情。比如说我们读完一本书，学到的知识在脑袋中；你锻炼好的身材，在你的身体上；我们学好的英语，全世界旅游的时候随时都可以用。所有这些东西都是 nobody can take it away from you 的东西，所以我们应该花更多的时间来学习。在某种意义上，雷利·B. 金不是一个音乐天才，家庭又很贫困，他经过不断的磨炼，不断的训练，音乐水平逐步提高，对音乐的领悟逐渐加强，把音乐融入生命的技能变得越来越熟练，到最后他终于用音乐来成就了自己的人生，受到了美国乃至全世界人民的认可。所有这些东西是不可能有人把它从他的身上拿走的。

希望我们能够从这句话中得到一点启示，从今天开始去学习那些知识、经验、智慧、修炼气度、眼光、格局，所有这些东西都永远属于你自己，并且能够反过来为你争取社会地位、名利和财富，为你带来更加幸福的人生。

If you can't do the little things right, you will never be able to do the big things right. And, if by chance you have a miserable day, you will come home to a bed that is made—that you made—and a made bed gives you encouragement that tomorrow will be better.

William McRaven

生活中的小事至关重要，如果小事做不好，你永远无法成就大事业。即使某天你过得不顺利，回家后起码还有一张你铺好了的床等着你。这张铺好了的床能鼓舞你期待明天会更好。

——威廉·麦克雷文

◆ 细节 ◆
一屋不扫，何以扫天下

这句话选自美国海军上将威廉·麦克雷文（William McRaven）在得克萨斯大学奥斯汀分校 2014 年毕业典礼上的演讲。这次演讲非常有名，引爆了整个美国，因为他讲的最核心的主题是：一个人要想做大事，就必须先把小事做好。所以演讲的主题就叫作"Make Your Bed"，意思是"把你的床给铺好"。

读到这句话，大家可能就会问，铺床跟成功不成功有什么关系？这让我想起了中国有一句话是"一屋不扫，何以扫天下"。如果自己家里都整理不干净的话，怎么可能去治理天下呢？所以，由小事可以看出一个人是否有做大事的状态。我记得我小时候，我母亲对我有一个要求，就是每天去上学之前，必须把自己的床铺整理得干干净净，也要把地扫得干干净净。我每天都会把床铺好，把地扫好，从小学到中学几乎从来没有间断过。这样久而久之就养成了一个习惯，就是做事情慢慢变得有条不紊、循序渐进。这对我后来的工作，包括做新东方，其实都有着巨大的影响。所以我是非常认可威廉·麦克雷文所讲的这些话的。

当然，这里所讲的铺床实际上是一个比喻，它背后的含义就是你如果能够从小事做起，就可以把事情做好。当你把每件小事做好的时候，就能够把大事做好。所谓细节决定一切，对于人的生活来讲，对于做企业来说，其实都一样。如果在各方面都大大咧咧、特别粗心的话，毫无疑问在大的战略方面、战术方面也一定会犯粗心的错误，最后就会酿成大祸，或是种下失败的种子。

所以，一方面，我们要有大的战略眼光，有大的格局；另一方面，我们确实要把自己每天的生活细节打理好。

麦克雷文在美国非常有名，一方面是他这个演讲本身给他带来了一些名气，但是更加重要的是，在2011年时，他亲自指挥海豹突击队击毙了本·拉登。

麦克雷文在得克萨斯州大学奥斯汀分校新闻系毕业以后参加了海豹突击队，一路成长，最后成了美国的海军上将。他从海军退役以后，就回到了奥斯汀分校当校长。在美国，军人当校长还是有传统的。大家应该都比较熟悉的艾森豪威尔将军，"二战"结束后曾当过哥伦比亚大学的校长。

大家都知道，美国的很多军人其实文化水平都挺高的，常常愿意写东西。所以麦克雷文还写了两本在美国非常畅销的书：一本叫作《特种部队》(*Spec Ops*)，分析了特种部队为什么成功，很多企业都把这本书作为学习材料，学习特种部队成功的经验。还有一本是2017年出版的，就叫《整理你的床铺》(*Make Your Bed*)。这本书的灵感其实是来自他在奥斯汀分校所做的演讲。这本书成了美国的畅销书，被认为是每个领导者都应该阅读的一本书。这里的意思非常简单，小事情改变你的世界，因为书的全名就叫作 *Make Your Bed: Little Things That Can Change Your Life... And Maybe The World*（整理你的床铺：小事情能改变你的生活……也可能改变世界）。

日拱一卒

语句解析

by chance：偶然或者万一。

miserable：悲惨的，令人灰心丧气的。

you will come home to a bed that is made：你早上离开这个家之前，把床铺整理好了，铺得整整齐齐。当你灰心丧气回到家以后，你发现一个铺得整整齐齐的床在那里等着你，它会给你一种鼓励，觉得明天会更好。这表明你有信心能够把自己的生活打理好。

True liberty is to have power
over oneself in all things.

Montaigne

真正的自由是在所有事情上都能控制自己。

——蒙田

✦ 自律 ✦
低级的快乐是放纵，高级的自由是自律

这句话选自法国文艺复兴时期著名的哲学家、散文家、人文思想家蒙田（Montaigne）的名言。蒙田在法国思想史上具有重大的影响，后来法国启蒙思想家伏尔泰、卢梭等，都直接受过他的影响。蒙田也是一个自由的崇尚者，所以他有关自由的思想也对后代产生了比较大的影响。我们选的这句话正是他对自由的论述。

这句话本身不难懂，我们要讲的是有关这句话的延伸。每个人都向往自由自在，认为什么都能做就是自由。但是你深入思考一下，如果这个世界上有人什么都能做，那就意味着很多事情别人就不能做。比如，如果你可以开着汽车，不管红绿灯，在马路上横冲直撞，那么就一定会伤害到别人的利益。在一个没有规矩的社会中，当你不断地侵犯别人的利益和权益的时候，别人一定会反戈一击，也就是会反过来限制你的自由。

所以我们看到的暴徒或者抢劫犯，最终一定会被关进监狱。为什么？因为给他自由了，他就会伤害别人。对于一个政府来说也是这样的，如果政府的自由度特别大而侵犯到人民的自由，人民就会奋起反抗。实际上现实世界的自然规律到最后都会是，自由是大家商定以后互相对自己进行限制的、一种人与人之间的相处状态。自由被限制得越平等、越公正，到最后人与人之间相处的自由度就越大。

所以我们会说，没有约束的自由，既伤害别人，也会伤害自

己。蒙田这句话其实讲出了一个本质的道理——越自律，我们就越自由。其实巴菲特也说过一句类似的话："If you let yourself be undisciplined on the small things, you will probably be undisciplined on the large things as well."。这句话翻译成中文是："如果你在小事情上没有办法约束自己，不自律，那么你在大的事情上也很有可能不会自律，不会约束自己。"当你小事不能约束自己，大事也不能约束自己时，那你就必将一事无成。所以再次证明了越自律就越自由这个道理。

我的好朋友、作家梁晓声曾经在一次演讲的时候说过四句话，他说什么是文化，什么叫一个人有文化，最重要的是"根植于内心的修养，无须提醒的自觉，以约束为前提的自由，为别人着想的善良"。

我觉得他把一个人真正的丰富性给讲清楚了。"根植于内心的修养"，不是外表的修饰，不是外表的潇洒，也不是表面上的彬彬有礼，而是来自内心的高贵，来自心灵的纯净和干净。这种内心的修养实际上就是一种高贵，一种让人感觉到非常正直、正义、诚恳的态度。"无须提醒的自觉"是什么？不管人前还是人后，都以同样的严格标准来要求自己，在人前不乱扔东西，在人后也如此，这叫作"无须提醒的自觉"。自觉遵守自己的道德，自觉维持自己的君子风度。"以约束为前提的自由"，就是蒙田说的这句话的意思。"为别人着想的善良"，这也是了不得的。人常常是自私的，从本性上来说，自私多于利他，但是当我们学会了在社会中生活，并且愿意为别人着想来行使善良时，那么我们身边的善意就无处不在。聪明是天生的，善良是我们的一种选择，确实就是这样。如果一个人真能做到梁晓声说的这四句话，我觉得他就是一个尽善尽美的人。

日拱一卒

语句解析

liberty：自由，相当于 freedom，true freedom。
have power over：有能力控制。have power over oneself，有自律能力，能够自我控制。

The world won't care about your self-esteem. The world will expect you to accomplish something before you feel good about yourself.

Bill Gates

这世界并不会在意你的自尊。
这世界指望你在自我感觉良好之前先要有所成就。

——比尔·盖茨

✦ 自傲 ✦
世界才不在乎你的自尊

这句话选自我们大家都比较熟悉的一个人——比尔·盖茨。

我们都知道，不管对方处于什么样的社会地位，人与人之间的关系，都需要充分地尊重对方。但从内心来说，大部分人只在乎自己。所以你要想有自尊的话，就必须要取得某种成就，来赢得别人的尊重。我们在赢得别人尊重的时候往往会犯一个错误，比如会在乎自己的外表，在乎自己是不是买了一辆豪车，是不是买了一个名牌包包，是不是穿了一件名牌衣服……很多人觉得所有这些外在的东西是社会地位的标志。但是我个人觉得，所有这些东西都很容易失去。也就是说，当人依赖某种外物来彰显自己的自信，或者让自己觉得有价值的时候，一旦这样的外在东西失去了，这种价值感就会轰然倒塌。

最重要的是，一个人要获得内心的自信，需要对自己充分了解，具有更丰富的知识，更加开明的态度，具有更加能看透人世的洒脱。人有了这些特质，不管身边发生任何事情，都会保持对自己的一种信任、自信。我觉得这才是真正的 self-esteem。

当然，世俗的世界，自然会尊重某种外在的东西。比如说你成为成功的企业家、作家或演员，这些当然也很好，世界必然会来关注你，因为你在世俗意义上取得了成功。但是我觉得就个人而言，这种 accomplish something 一定是 something inside in your heart，something in your soul，就是在你内心灵魂深处的某些东西。另外我想说的是，一个人其实 "please feel good about yourself, never feel too good about yourself"。意思是：你可以自我感觉良好一点，但是千万不能自我感觉太良好。因为一个自我感觉太良好的人，常常会飘在空中，最后会摔得很惨。

我们要不断地丰富我们的内心世界，同时也要接受世界上一些世俗的对于成功的标准。在你受到外界的某种伤害的时候，你内心要有充分的自我肯定，同时要更加谦虚地、脚踏实地生活在世界上。

大家常常说，比尔·盖茨很傲慢，因为他进哈佛大学一年就退学了，最后做了微软这么大的一个公司，连续多年占据《福布斯》全球富豪榜榜首，同时也成为最大的慈善家。但比尔·盖茨所有的成功都得益于一点，这一点就是，他从少年开始没有一天不在努力，没有一天不在创新，没有一天不在否定自己，并且通过否定自己来攀登更高的台阶，获得更大的成功。所以一个人的成功其实并不仅仅靠天才，还要靠自己的价值观和努力，靠不断突破自我的创新精神。在这方面，比尔·盖茨本身就是榜样。

日拱一卒
语句解析

self-esteem：自尊、尊敬。这里 esteem 是尊敬的意思，相当于 respect；加了 self, self-esteem 就是自尊。

accomplish：取得成就。一个人取得的成就或者获得具体的成功常常叫 accomplishment，accomplish something 就是取得某种成功。

feel good about yourself：自我感觉良好。感觉自己比别人更好。

The people who get on in this world are the people who get up and look for circumstances they want, and if they cannot find them, make them.

George Bernard Shaw

在这个世界上取得成功的人,都努力去寻找他们想要的机会,如果找不到,他们就自己创造机会。

——乔治·萧伯纳

✦ 机会 ✦
突破舒适区，接受新挑战

这个句子来自著名的爱尔兰剧作家萧伯纳。

对于萧伯纳，中国人并不陌生，因为很多中国剧作家一直把萧伯纳的戏剧作为学习的对象。萧伯纳没有经历过正规教育，其实是自学成才，他不断地写小说，不断地被退回来。由于这样的坚持，他的作品写得越来越好。后来受到著名剧作家易卜生的影响，萧伯纳开始写戏剧，一生创作了51部戏剧剧本。1925年，他因为作品《圣女贞德》，获得了诺贝尔文学奖。

在中国人心中，有关于萧伯纳的两个最熟悉的故事。第一个故事，萧伯纳成名以后，有一位当时很著名的女舞蹈家给他写了一封求爱信。信中讲道，如果我们结婚了，生下的孩子有你的头脑和我的外表，那该多好！萧伯纳回信说，如果我们结婚生的孩子，有我的外表和你的头脑，那该多糟啊！另外一个是萧伯纳和一个小女孩的故事。小女孩给萧伯纳写了一封信，说我特别崇拜你，所以我买了一条小狗，给小狗起的名字就叫萧伯纳，你同意不同意。萧伯纳就说，我是同意的，不过你得和你的小狗商量一下，问问小狗是否同意。这两个故事把萧伯纳幽默的一面完整地呈现了出来。

下面我们就来讲一下我们选取的萧伯纳这句话，它也是萧伯纳几十年如一日坚持写作的典型写照。他一生不断地努力，不断地失败，仍然坚持写作，经历再失败，最后终于获得了成功，并且获得了诺贝尔文学奖。这句话讲述了一个人如何获得成功。

其实世界上百分之八九十的人都是被动生活的。所谓被动生活就是，他们处于什么样的环境，就在什么样的环境中生活下去。很多人到了某个单位去工作，一辈子可能就在那个单位了。在工作熟练、进入舒适区后，让他换一份工作或者做些有挑战性的事情，他都不愿意去做。大家都知道，在这样的情况下，他很难取得有突破性的成功，最多是不断累加地让自己的生活变得比原来好一点而已。即使是比原来好一点，他也依然要付出一定程度的努力。

但是对于真正成功的人来说，最重要的就是去改变，既要改变自己，也要改变环境。改变自己，让自己的性格变得更坚定，更加有勇气去追求未来，更加有韧性去克服自己在生活中遇到的艰难困苦。改变自己，让自己更加有勇气抛弃过去，迎接未来挑战。

当然改变还包括愿意改变自己的环境。比如说你一直待在北京，在熟悉的环境中生活，即使北京再大，你的眼光也会有局限。但是如果你到了上海、纽约、伦敦，新的环境一定会激发出新的活力。在生物学上有这样一个原理，一个细胞进入了相对陌生的环境，或进入有点敌对的环境，细胞的活力瞬间会迅速增加。其实人整体上也是一个大细胞，道理是一样的。当你进入了某个陌生环境的时候，你一定会变得更加机灵，反应速度一定会变得更快。

对于我们来说，每一个人其实都一样，不断地寻找新的挑战、新的环境、新的机会，这样我们的生命会更加有活力，成功的要素也会增多，成功的机会也会大大增加。所以我们一定要努力去寻找我们想要的机会（get up and look for circumstances we want），如果找不到，我们就自己创造机会（and if we cannot find them, we make them）。

日拱一卒

语句解析

get on：成功、成就或者得到某种东西。所以，the people who get on in this world，就是在这个世界上有所得或者成功的人。

get up：起床、起来、站起来。the people who get up，那些站起来的人。

look for circumstances：去寻找环境机会。circumstance，可以指人所处的某种环境，也可以指人进入的某种新的机遇和新的发展状态。get up and look for circumstances they want，去寻找你自己想要的机会和环境。

make them：如果最后你不能发现这种机会和环境，那就创造机会和环境。所以 make it，"I make it"就是我成功了。

Don't just get involved. Fight for your seat at the table. Better yet, fight for a seat at the head of the table.

Barack Obama

仅仅参与还不够,要为在决策中赢得一席之地而奋斗。能为坐上首席而奋斗就更好了。

——巴拉克·奥巴马

✦ 主动 ✦
为坐上首席而奋斗

这句话来自巴拉克·奥巴马（Barack Obama），美国前总统。奥巴马是一位非常能演讲的人，他做了不少演讲。这句话来自奥巴马2012年在哥伦比亚大学巴纳德学院对所有毕业生所做的演讲。巴纳德学院（Barnard College）原来是一所独立学院，1900年并入哥伦比亚大学。巴纳德学院是一所女子学院，所以这句话是奥巴马对女大学毕业生所讲的一句话，但是我觉得它适合我们每一个人。

其实生命中有很多时间我们只是 get involved（参与其中），人云亦云，人做我做。或者说我们只是参与了一个团队，但在这个团队中我们其实说话不算数，做事也不重要。当然 get involved 很好，但是有没有发现 get involved 背后有一个现象，就是你常常是被动参与。例如，你在大学的一个班级混了四年，最后其实什么主导地位都没有得到；你在一个饭桌上吃饭待了半天，只不过是其中的参与者之一；你参加了一个志愿者活动，但是这个活动的所有的布局安排都跟你没关系。如果说一个人只是有 get involved 的个性，而没有主动引领、引导的一种心态或努力，那么你一辈子将只是个 follower（跟随者）。

我们知道，这个世界上有 leader（领导者）和 follower（跟随者）两种人，95% 以上的都是 follower，但是恰恰那 5% 的 leader，成为这个世界上掌控资源和发展的主导力量。leader 其实不仅仅在于个人有什么能力，而且在于你是不是愿意在参与的时候，fight for your seat at the table（为在决策中赢得一席之地而奋斗），进而 fight for a seat at the head of the table（为坐上首席而奋斗），就是你是不是愿意去争取，去掌握主导权，获得决策权。

也有人跟我说，很多事情是你想掌握就能掌握的吗？我想说的是，其实只要你主动地想要去变成主导某件事情的人，你就会或多或少变成一个主导者。你可以从小事情开始主导，慢慢主导大事情，最后你会发现慢慢一切都在掌控之中。所以我常常说，做事情的时候，宁为鸡头不为牛后，就是在牛后永远不可能看到前方的道路和远方。如果作为鸡头，哪怕是小一点的团队，你是头，那你就有决策权，慢慢地锻炼自己的能力。就像新东方当初就是一个小小的培训班，我其实都不知道怎么做，但是后来做得越来越大，变成教育集团，变成上市公司，到今天成为上市公司里比较大的教育集团。这样一步步走来，从最初两个人都不知道怎么领导，发展到现在新东方几万名员工。

在一路奋斗的过程中，你要有主动意识，主动掌握自己的命运，控制自己的发展走向，而不是人云亦云，人走到哪里你就追寻到哪里。否则一生将没有精彩可言。

日拱一卒

语句解析

involved：把自己卷入其中或者是参与其中。get involved 就是参与，比如一件事情大家都在做，只有一个人在袖手旁观，那你可以说"Get involved"，赶快来一起做。

fight for：为……而去斗争、去努力。

seat at the table：table 是桌子的意思，实际上是指做决策的团队。不管是董事会还是中央常委会，都是坐在一个桌子上一起开会的，所以 seat at the table 意味着你已经进入了决策层。

a seat at the head of the table：意味着成为决策层的领头人物。决策层也有排位，一个公司的董事长，是坐在桌子的顶头的，其他人就坐在桌子的两边。

Singleness of purpose is one of the chief essentials for success in life, no matter what may be one's aim.

John D. Rockefeller

一心一意是成功的主要关键之一,不管你的目标为何。

——约翰·D. 洛克菲勒

◆ 专注 ◆
专注力就是生产力

这句话来自美国著名的石油大亨约翰·D. 洛克菲勒（John D. Rockefeller）。大家对洛克菲勒应该不陌生，美国到处都有洛克菲勒的名字，包括洛克菲勒大学、洛克菲勒基金会等。洛克菲勒也是全美国乃至全世界第一个成为10亿美元富翁的人。现在大家可能觉得10亿美元没有什么了不起，比尔·盖茨等人资产都是几百亿美元。考虑到货币的通胀，实际上货币一直在贬值，至少应该是几十倍，当时的10亿美元大概相当于现在的几百亿美元。洛克菲勒当时是世界上最大的富翁了。另外，社会发展阶段不同，积累财富的难度也有差别。以人民币举例，我记得我小时候一斤猪肉是两三毛钱，现在猪肉都已经几十块钱一斤了。

1839年，洛克菲勒出生于一个穷人家庭。好在他的父亲比较有商业头脑，母亲是非常虔诚的天主教徒，整个家庭都有自律、勤奋这样的价值观和理念。洛克菲勒一生也没有上过什么学，但是后来通过自己的艰苦努力开始创业。他大概从1858年开始创业，先是做农产品，有了一定的资金以后，他敏锐地发现石油可能会成为人们的必需品，是未来人们最需要的东西。在此之前，18世纪到19世纪初，世界上点灯用的油主要来自鲸鱼油——捕杀鲸鱼以后，把鲸鱼的油熬炼成点灯的油，这是在煤油出现之前人们用得最多的油。所以做生意其实是要有头脑的，要有前瞻性。洛克菲勒就是一个非常有前瞻性的商业天才。

我们选的这句话是洛克菲勒的座右铭。洛克菲勒自己也是这句话典型的遵循者。他一辈子一心一意做石油,后来一心一意做慈善,他一生也只娶了一个太太,生了四个女儿一个儿子,感情上也挺专注的,所以这句话就是他本人一生的写照。很多人可能认为富人或者有钱人是唯利是图、心胸狭窄的,洛克菲勒却成为后来一代又一代企业家的榜样,比如比尔·盖茨、马克·扎克伯格和沃伦·巴菲特等都把钱捐出来,实际上都是受了洛克菲勒的影响。因为洛克菲勒说,财富是上帝的,而我们只是管家,也就是我们是帮着上帝管钱的,不能把钱据为己有。他一生捐款就捐了5.5亿美元,相当于现在捐了上百亿美元这样的概念。

根据这句话我们谈一点小小的感悟。第一,人的一辈子其实时间过得很快,想要做的事情完成不了几件。所以专注于那几件对你人生最有意义的事情,以及对你自己来说最能够让心灵丰盈的事情去做,而不要分散自己的精力。有一句话说得好,专注力就是生产力。

第二,在现在这个时代,我们的专注力很容易被耗散掉,包括日常生活的专注力。比如说,天天看看微信,看看微博,时间就过去了,往往重要的事情一件都没做。我们做事业的专注力也会受到考验,比如创业的时候,一会儿想想这个机会,再想想那个机会,觉得机会很多,往往事情做了一半就放弃,就像熊瞎子掰棒子一样,掰一个丢一个,很少有人能够把一件事情坚持做到底,并且把它做得有声有色。包括读书也是这样的,可能大家一年会翻开好多书,但是没有一本书是真正读透的,也没有一本书真的读懂。所以,粗略阅读100本书,有时候还不如把一本书读得滚瓜烂熟更好。

所以在这样一个分散专注力的时代，我们其实更应该坚韧不拔地坚守自己最核心的东西，努力把它做下去，这样你才有可能赢得这个世界上更好更大的机会，收获自己更丰富多彩的人生。

日拱一卒

语句解析

singleness：来自形容词 single，意思是单身的、单一的。singleness 是单一，singleness of purpose 就是目标的单一，只有一个目标。

essential：表示关键。essential 本身也可以作为形容词，表示关键的、核心的。one of the chief essentials，一个最关键的要素。

aim：在本句中是名词，也可作动词。aim at 表示枪瞄准了什么，或者目的地是什么地方。这里 be one's aim 就是不管你个人的目标是什么，只要你定了目标，你就一心一意地朝着那个目标去走，这样的话成功的可能性才会最大。

It never will rain roses. When we want to have more roses we must plant trees.

George Eliot

天上永远不会掉下玫瑰来,
如果想要更多的玫瑰,必须自己种植。

——乔治·艾略特

·付出·
天上永远不会掉下玫瑰来

这句话来自英国小说家乔治·艾略特（George Eliot）。乔治·艾略特是19世纪英国维多利亚女王时代最著名的小说家之一。19世纪英国出现了一系列著名小说家，代表人物有萨克雷、狄更斯、勃朗特姐妹等，乔治·艾略特也是其中之一。这个名字表面上是个男人名字，叫作George（乔治），但实际上她的真名叫作Mary Ann Evans（玛丽·安·埃文斯）。她之所以改成一个男人的名字，是因为在19世纪时，英国人还看不起女人，觉得女人写小说是一件不靠谱的事情。所以当时乔治·艾略特为了使自己的作品能够出版，就取了一个男人的名字。

她最著名的小说叫作《亚当·比德》(*Adam Bede*)。艾略特自己的人生故事也值得我们为之感慨。她出生在一个不太富有的家庭，在她29岁时父母就去世了。她接受过中等教育，所幸的是父亲比较看重她，在她少年时请学者教授她知识。艾略特有着非凡的语言天赋，除了英语之外，她还通晓法语、德语、意大利语等，并且能用这些语言来阅读和思考。

她最引人关注的故事是在30多岁时，认识了英国另外一个著名人物乔治·亨利·刘易斯（George Henri Lewes）。刘易斯是英国当时很有名的哲学家和文学评论家，可以说艾略特跟刘易斯的感情促使了她一直坚持写作。刘易斯当时已经有妻子和孩子，出于某种原因一直没有离婚，但艾略特一直跟刘易斯住在一起，恩爱相伴 24 年。也是在这种感情生活中，艾略特成了英国著名的小说家。

我们所要学的这个句子，意思表达得非常清楚：如果你想要更多的玫瑰，你就必须自己去种植。也就是不能等着天上掉下玫瑰来，这句话用中国一句比较通俗的话来说就是"天上不会掉馅饼"。如果你想要更多的馅饼，你必须自己去找。自己去劳动，种粮食出来，才能把馅饼给烙出来。我们如果想要得到更多的东西，得到更多的美好，我们就必须付出劳动。我们常常讲一句话，"如果少年时不流汗水，就一定会在老年时期流出泪水"。

我们人生所有的收获都来自付出额外的劳动，当然除了劳动以外，还要拥有智慧。所以在年轻的时候，我们多学习、多思考，让自己的眼界更加开阔，必然是一件好事。这样随着年龄的增长，我们会变得越来越成熟，积累资源的能力越来越强大，把资源转化成财富、地位或者为世界做贡献的能力就会越来越强大。人生实际上逃不出三步：第一步是目标，也就是我们每个人都会给自己制定一个目标。比如我在农村的时候，目标是希望自己上大学，后来希望自己出国，再后来希望自己能把新东方做大，这些都是目标。第二步是行动，目标本身不会变成现实，任何目标变成现实都需要有行动。我们常常说行动胜于语言，就是这个原因。所以行动就是 plant trees，就是你把树种下去，那么必然就会有所收获。因此只有有了行动，目标才有可能变成现实。第三步就是收获，因为目标加行动，最后就会等于收获。一分汗水一分收获，我们每天只要努力多学半个小时英语，也许十年以后，你的英语就能够达到非常流畅熟练的水平。每一步付出，必然会带来收获。

这三个步骤就是先定目标，然后行动，再达到收获。在收获的基础上再定新的目标，再进行新的行动，达到更好的收获，这是一个循环往复、螺旋式上升的过程。如果把握了这样的过程，我们的生命就会不断有收获，包括现实中的收获，以及思想、灵魂、知识、眼界、格局和友情上的收获等。所有这些收获会进一步触动我们制定新的目标，采取新的行动，让我们的生命变得更加丰富。人生就是这样一个过程，当我们希望得到更多的时候，我们一定要付出更多的劳动。

Success is no accident. It is hard work,
perseverance, learning, studying, sacrifice and
most of all, love of what you are doing
or learning to do.

Pelé

成功不是偶然,它是努力、毅力、学习、研究、牺牲,以及最重要的,热爱你做的事或你在学的事。

——贝利

✦ 实践 ✦
成功不是偶然的事件

这个句子来自巴西乃至世界最著名的足球运动员贝利的一句名言。只要是稍微知道一点足球运动的人，就知道贝利的存在。他是历史上第一位连续四届世界杯都有进球的球员，也是唯一的一位三夺世界杯冠军的球员。他在职业生涯中共出场了1366次，进球1283个，这个数字还被载入了吉尼斯世界纪录！国际足联有关贝利的页面只有简短的一句话：The King of Football（足球之王）。

贝利出生在比较贫寒的家庭，他小时候就喜欢踢球，他的父亲也是足球运动员，尽管不那么出色，但是希望自己的儿子能够踢好球。贝利由于家境比较贫寒，有时候买不起球，所以会把破袜子和旧报纸捆在一起，当作足球进行练习。贝利也很有天分，这种练习自然会带来成果。到了11岁时，他就被当时巴西国家足球队的国脚德布里托（de Brito）发现了。后来，德布里托就说服贝利的父母，把15岁的贝利带到了圣保罗州的桑托斯（Santos）球队。我专门去看过桑托斯俱乐部的球场和他们的俱乐部的所在地，里面还放着贝利的大幅照片。贝利把足球带向一个世界性的狂热运动之路，他自己也被评为"20世纪最具影响世界的100人物"之一。

我们下面来学习一下他讲的这句话，也是他自己成功的心得。贝利说他有几个成功的要素：第一个是hard work，就是要努力。第二个是perseverance，是坚韧不拔、坚持下去、毅力。第三、第四个是 learning 加上 studying，其实两个单词的意思差不多，但是有细微的区别。learning 是你去学你原来不知道的东西，studying 是对知道的东西再进一步深入地研究，这个意义更加充分一点。第五个是 sacrifice，意思就是指牺牲，牺牲自己的时间，牺牲自己的精力，有的时候甚至要牺牲自己的身体，当然最极致的是牺牲自己的生命。第六个是 love，love of what you are doing or learning to do，要有对你正在做的事情或者想要学着去做的事情的热爱，love 最重要。

贝利在这里列了六个要素，我们可以把它叫作"取得成功的六大要素"，大家都要好好记住并实践。这六大要素几乎缺一不可，但是我觉得少了一个要素，就是人生真正的判断眼光和境界。因为对于一个人来说，我们盲目地坚韧不拔、去努力学错误的东西、盲目地去牺牲是没有意义的，爱也有可能爱错对象。但是如果我们在这个过程中不断提高自己的眼光，提升自己的境界，确定自己的人生蓝图，确认自己的方向走对了，目标是正确的，眼光是到位的，那么这六大因素才能起到作用。毫无疑问，从他的天赋来说，从他的热爱来说，贝利学足球这件事情，毫无疑问是正确的。足球一旦踢好，不光能带动足球运动的进步，还能带动全世界人民对于足球的热情，所以方向是对的。在方向是对的情况之下，这六大要素对贝利就起到了重大的作用。

日拱一卒

语句解析

no accident：不是偶然的，一定是经过了努力、计划、筹划才能得到的结果。比如很多学生高考发挥好，被北大、清华等名校录取，就是 no accident，这都是他们高中三年乃至加上初中三年努力学习的结果。有的人自己努力学习，拿到了托福、GRE 的高分，那也是 no accident。

most of all：最重要的、最极致的、最关键的是。

The meaning of life is not simply to exist, to survive, but to move ahead, to go up, to achieve, to conquer.

Arnold Schwarzenegger

生命的意义不仅在于简单的存在与活着，而是去前行、进步、成就和征服。

——阿诺德·施瓦辛格

✦ 征服 ✦
生命的意义不是简单的存在与活着

这个句子来自阿诺德·施瓦辛格（Arnold Schwarzenegger）。我相信大部分人都对施瓦辛格印象深刻，在《终结者》(*The Terminator*) 中，他扮演的硬汉形象给我们带来了强烈的心灵震撼。他不光是一个有着强健体魄的人，而且是具有非常丰富的思想的人。施瓦辛格身份很特殊，他除了有美国国籍，还有奥地利国籍，到今天也没有放弃。他 1947 年出生，到今天已经 70 多岁了，在老百姓心目中依然是硬汉。施瓦辛格除了当演员，还有政治梦想，就像美国前总统里根那样。里根是一位不太出色的演员，但是在美国总统选举中获胜，在任期间给美国带来了繁荣和昌盛。所以在施瓦辛格心目中，里根一直是他的崇拜对象。施瓦辛格作为在奥地利出生的有着双重国籍的演员，在美国的电影界通过自己的努力，30 多岁的时候崭露头角，50 多岁的时候赢得了美国加利福尼亚州长的选举，当时赞成他的人达到了接近 50%，民意支持率最高峰时曾经达到 65%。

非常可惜的是，7 年以后，当他卸任走下政坛、回归到普通老百姓生活的时候，他的支持率只有 22% 左右，这意味着他政治上的作为其实并不算成功。这提醒我们，作为优秀的电影演员、运动员、制片人和导演的成功，并不一定能让他成为一个成功的州长或者政治家。这意味着每个人在现实生活中的各种能力是不一样的。即使这样，我们依然要为施瓦辛格欢呼，因为他希望能够尝试生活中不同的可能性。

所以这句话表达的两个最核心的意思是：人类活着不仅仅是为了存在，不仅仅是为了生存；人类活着是为了获得成就，为了征服这个世界。对施瓦辛格这样的硬汉来说，这种征服是非常重要的事情。我相信尽管他的一生还没有结束，但这确实是征服者的一生。从奥地利一个普通的家庭出身，来到美国，说话还带着各种口音，在英语不好的困境下，成为著名的电影演员，竞选州长成功……他还希望能够竞选总统，不管最后有没有成功，我觉得这都是他的人生每个阶段不断进取的标志。

我觉得对于一个人的发展来说，有四个层次非常重要。

第一个层次就是生存。就像中国文明和世界其他文明的发展史一样，当人类的生存问题都没有被解决的时候，不可能发展出来高质量的文明。之所以我们现在的科技如此发达，文明程度如此之高，是因为世界近代资产阶级革命和工业革命以后，人类解决了生存问题，有了足够的时间来思考生存之上的东西。

第二个层次就是突破物质的局限，这是至关重要的。其实生存需求有高有低，比如说有的人一个月一万块钱都不够生存，有的人一个月一千块钱就够了，就看在金钱之上到底追求什么。中国有"清风明月不用一钱买"这样传统的知识分子的情怀。当然我们并不是说只是希望清风明月陪伴我们的一生，还是希望自己的生活过得富有。但是我觉得一个人在钱财有限的情况下，能不能突破物质的局限，走向精神世界的富足非常重要。

第三个层次是理想。理想到底是什么样的状态？我觉得理想有两个最重要的因素：第一，要坚守底线，任何破了底线的理想，比如说为了钱、权、利就可以打破自己的坚守，这样的人等于没有理想，或者说理想是空谈。但如果能坚守底线，不为权力、利益所动，在此之上，能够保有更加崇高的精神和灵魂的理想，我觉得是非常重要的。

第二，理想跟钱财有关，突破了钱财的限制，理想更容易实现，即使在贫困中，人类依然要有理想。

第四个层次是人类梦想之上的一种成就感和征服感。一个人的成就感和征服感不是必然就是高层次的。希特勒想征服世界，想要获得成就；爱迪生也想要成就，也想要征服。但爱迪生是为了用电灯来点亮世界，给人类带来光明。而希特勒是希望通过杀害犹太人，来彰显所谓的日耳曼人的优越感。所以我想，成就和征服在每个人的心中是不一样的。那么最重要的是什么？我认为最重要的是保持了人类的尊严，保持了人类梦想之上的一种成就感和征服感！我们可以征服自己内心的恐惧，征服人与人之间的不合作，但是不能用征服人类来作为自己的成就。有了这样的成就感和征服感的底线以后，我们所有的成就和征服都是为了消除对人类不利的东西，并且在普惠人类的前提之下为全体人类做贡献。这样的话，像施瓦辛格所讲的 to achieve（成就）、to conquer（征服）这些东西，就变成了特别有意义的东西。

日拱一卒

语句解析

not simply：不仅仅。比如"My study is not simply to achieve the score"，意思是我的学习不仅仅是获得分数。

survive：生存，存活。

move ahead：往前走。有的时候我们为了鼓励一个人，当他跌落至一个难以有办法前行的挫折状态时，我们就可以跟他说 move ahead，就是往前走，不要停下来。

conquer：征服。

Do all the other things, the ambitious things—travel, get rich, get famous, innovate, lead, fall in love, make and lose fortunes, swim naked in wild jungle rivers—but as you do, to the extent that you can, err in the direction of kindness.

George Saunders

去做所有你有抱负的大事——旅行、赚钱、成名、创新、领导、坠入爱河、赚到钱后赔光钱、在野生丛林的河里裸泳,但在你做这些事的同时,尽你所能,力求行善。

——乔治·桑德斯

✦ 反思 ✦
真正想做比一直在做更重要

这句话来自美国著名作家乔治·桑德斯（George Saunders），这是他在锡拉丘兹大学毕业典礼的演讲中所讲的一句话。

乔治·桑德斯是美国当代著名作家，他最初是一位地理学家，而且在科技上小有成就，但是对自己的写作梦想念念不忘。他刚开始创作短篇小说，后来写中篇小说，再后来写长篇小说，结果他发现自己是个真正的天才作家。他的小说获得了一系列的奖项，有美国、英国的奖项等。

从乔治·桑德斯的经历可以看出，有的时候投身于一个行业或者专业以后，可能这个行业或专业只是从高中到大学顺延下来，觉得学了某个专业就应该从事这个专业领域的工作。很少有人会去认真地反省和反思，自己其实这辈子到底做什么事情最合适。

以我为例，我觉得做了新东方以后，伴随着新东方的发展，一路往前走，我自己个人管理的能力也不断提升。但我其实很少去反思，比如我这一辈子真正有价值的事情，到底是不是去做新东方呢？也许我当作家也很好，或是当个旅行者，或许实际上我在教室里的讲台上，更加能够真正发挥自己的长项，并且获得更多的幸福和快乐。我们很少有人去做这样的反思，并能从自己的既定道路中拐出来，而是可能沿着既定道路糊里糊涂地走完一辈子。

所以我们可以再思考一下：我们一生所做的事情真的是我们的长

项吗？真的是我们的天赋所在吗？真的是我们的追求吗？是当一个地理学家好，还是当一个作家好，桑德斯给了我们非常好的答案。

这句话选自他的演讲，这个演讲的主题就是"Kindness"（仁慈，或者说善良）。他对学生们讲，我们一生中最重要的是"善良"两个字。我认为这句话里面包含了两个核心要素。

第一个要素是，一个人来到世界一次不容易，所以你可以做任何你想做的事情。不管你有多大的野心，不管你想做任何事情，只要不是违法的，只要不是能把你带到监狱中的事情，都可以做。他举了一大堆我们人生中会碰到的事情，旅行、赚钱、成名、创新、领导、坠入爱河、赚到钱后赔光钱、在野生丛林的河里裸泳等。大家稍微想一下，其实我们是不是常常也会这样，有的事情我们做了，有的没做，还有的这里面并没有包括。他举了这么多的例子，就是说你想做什么都行。

第二个要素是，尽管你什么都能做，但是一定要以善良为出发点来做事情。只要把善良放在心中，那么人做一切事情都不会犯太大的错误。每个人应该既会照顾到别人的感情，也会照顾到社会的进步，同时要遵纪守法，因为这是善良的核心意义。正如前文中亚马逊的贝索斯说过一句话：聪明可能是天生的，但是善良是一种选择。如果一个人选择了善良，那他的生命必然会变得更好。

所以我想，对于人的一辈子来说，其实这两个重要的事情都说完了。一方面，毕竟来到这个世界上不容易，我们要尽一切能力去享受人生，做任何你想做的事情；另一方面，这个世界也是有规矩的。所以当你以善良为核心点来做任何你想做的事情的时候，就不会犯错误。而且你会把自己想做的事情持续更久，还会受到这个世界的欢迎。

日拱一卒

语句解析

ambitious things：充满雄心壮志、野心的事情。

make and lose fortunes：make fortunes，赚钱、发财；lose fortunes，丢钱或者破产。

swim naked：naked 是不穿衣服的意思，裸泳是 swim naked。

wild jungle river：就是像热带的亚马孙河，两边遍布着热带雨林的河流。

to the extent that you can：在你力所能及的范围之内。to the extent，到达某种程度，加上 that you can 就是到达你能做的程度。

err in the direction of kindness：力求、尽最大可能。err 本身的意思是犯错误，就是宁可往那个方向做过分了、犯错误，也不应该不去做。还有另一个说法，err on the side of，意思相同。整个句子意思就是，在你力所能及的范围之内，宁可因善良犯错误，也不应该不善良。

What we do during our working hours determines what we have; what we do in our leisure hours determines what we are.

George Eastman

我们工作时间做的事,决定我们拥有什么;
我们闲暇时间做的事,决定我们成为哪种人。

——乔治·伊士曼

·进取·
闲暇时间的利用，决定你成为什么样的人

这个句子来自柯达公司的创始人、人称"柯达之父"的乔治·伊士曼（George Eastman）。

我们先说一下柯达。柯达公司现在已经几乎没有了，最初是以胶卷出名的，从黑白胶卷到彩色胶卷。柯达公司后来出现危机，跟创始人伊士曼是没有什么关系的。乔治·伊士曼是什么时候的人，他什么时候做了胶卷，并且把柯达公司做起来的呢？我们还原一下他的生平。

伊士曼出生于1854年，1932年去世，是跨越上两个世纪的人物。他小时候家庭本来是比较幸福的，但他7岁时父亲去世，家中失去了经济来源，他只能和母亲相依为命。母亲没什么文化，却一直供伊士曼上学。伊士曼觉得母亲很辛苦，14岁时就决定辍学，到保险公司工作，后来又当了一段时间的银行职员。1880年，他开始专心研究照片拍摄技术，建立了自己的影像公司。他是一位很有创造力、有想法的人。到了1884年，他发明了世界上第一款胶卷底片。胶卷底片最初是摄影的基础。才过了4年，1888年，他又推出了世界上第一款傻瓜相机——摁一个键就能拍照的相机。在后面的近50年里，柯达始终走在摄影行业的前列，伊士曼一直推动着柯达的发展，当然也获得了巨大的财富。

不幸的是，到1932年，他78岁时，因饱受病痛的折磨，他最后选择主动死亡。他留下遗言说"我的工作已经完成，何必再等待死

亡"，就开枪自杀身亡了。伊士曼一辈子没有结婚，所以赚了那么多钱以后，他做了很多慈善事业，总共捐款超过了一亿美元。在20世纪早期，这是一个超级巨大的数字。

伊士曼是一个非常喜欢钻研并且努力进取的人。他最初当银行职员的时候，就在研究照相技术，研究胶片、照相机。实际上他的研究发明，都来自他的业余时间。因为他在工作时间履行银行职员职责，也只能是为别人服务。而他好好把握了业余时间，这决定了他是什么人。所以讲完他的生平以后，我们就明白他为什么说这句话了。对于我们的一生来说，确实工作大多是为了生存，为了获取物质资源而做事情。大部分情况下，我们对自己的工作并不是特别热爱，也有很多人做的工作其实跟他们的成长也没有太大的关系。但是如果业余时间能够利用起来，让自己不断成长，最后可能修成正果。

我们来谈一下感悟。第一，工作是必要的。原因非常简单，你要活下去，你不工作怎么办？所以不管你对工作喜欢不喜欢，它能给你带来经济收入，并且随着时间推移，经济收入越来越多的工作，在一定程度上就是好工作。

第二，有时工作并不是纯粹为了经济收入，往往也是为了个人成长。所以我们找工作的时候，就尽量要去寻找自己喜欢的工作，跟个性、志趣、发展方向相吻合的工作。这样的工作不光能为你带来经济收入，而且还能够带来人生的成长，为未来发展做准备。把喜欢做的事情和工作结合在一起，这是更高的境界。

第三，不管怎样，我们一般常规的工作时间是八九个小时，剩下来的时间除了睡觉以外，也还有八九个小时，如果把睡觉算上还有十几个小时，所以在业余时间做的事情，可以比工作时间做的事情更重要。确实就像伊士曼所说的那样，我们业余时间怎么利用，决定了我们是什么样的人。很多人在业余时间唱歌、打牌、喝酒，当然这些休闲活动也让生活比较愉悦，但其实这种愉悦是以牺牲个人的成长或者消磨自己的宝贵时间为代价的。愉悦背后不会留下太多的东西，有时候还会导致喝醉或者输钱等不良体验，带来心理上的不适感和身体上的不舒服。所以业余时间到底应该做什么，就成为我们思考的重点。思考是以自律为前提的。因为一个人如果没有控制自己的能力，很容易滑向自娱自乐的、懒散的休闲生活中去。如果我们能把业余时间适当利用起来，多读书，多思考，多去钻研自己喜欢的东西，比如去健身，也能给我们带来生命上的一些成长。

我觉得对我来说，从北大毕业以后，有两件事情我做对了。第一，努力让我的工作变成我喜欢的事情。因为留在北大当老师以前，我从来没有教过书，但是后来变成了北大的老师，我确实变得比较喜欢和学生打交道，这样我的工作和爱好稍微有所结合。而且教书就需要读书。对于读书，我不能说是天生喜欢，但也是我从小被培养出来的一种生活方式。在业余时间我继续努力精进自己的学业，努力读书，努力思考，最后让自己的思想变得更加丰满。

后来做了新东方以后，时间安排得更加紧张。坦率地说，新东方到现在每天占据我八九个小时的时间，有时候做的其实不一定是我喜欢的工作，包括一些管理工作、处理日常事务、各种考核、社交应酬等。但我依然每天还能留出六七个小时来做自己喜欢的工作，如读书、写作、旅游等，这样使我一年能够出一到两本书，并且还能有时间来讲这样的英语句子，我觉得这也是时间管理的结果。所以我深刻地认同伊士曼说的这句话："What we do in our leisure hours determines what we are."。在这里我希望大家能够把业余时间利用得好一点，让自己不断成长。

日拱一卒

语句解析

determine：动词，决定。be determined to do something,下定决心做某事。

what we have：have 是指拥有的物质上的东西，或者说拥有的生活上的资源。

leisure hours：指工作之外的业余时间。"what we do in our leisure hours",意为我们在业余时间、闲暇时间做什么样的事情。

what we are：我们成为哪种人。

Do you love life? Then do not squander time;
for that's the stuff life is made of.
Benjamin Franklin

你热爱生命吗?那么,别浪费时间,
因为生命是由时间组成的。

——本杰明·富兰克林

✦ 热爱生命 ✦
把时间花在有意义的事情上

这句话来自本杰明·富兰克林（Benjamin Franklin）。富兰克林是一个非常勤奋的天才，也是一位非常伟大的人物，关于他的很多故事大家都非常熟悉。

毫无疑问，人来到这个世界上的机会只有一次，所以今生今世在这个世界上的时间就构成了我们生命的全部。时间可以分解成年，可以分解成月、周、日，甚至可以分解成小时。从某种意义上来说，我们生命中度过的每一个小时都很珍贵。因为时间只要浪费了，就再也不可能回来。说到底，人生一辈子总共也就是几万个小时而已，就算活到100岁，一年只有365天，大概也就是那么多时间。不管怎样，一个人如果能把时间利用好的话，一生中就能做更多更好的事情。我觉得利用时间不浪费有两个方向。第一，人生要做对自己来说最重要的事情，因为我们很多人表面上显得很忙碌，但是实际上做的事情是没有意义、没有价值、琐碎的、重复的、没有高度的，我们做太多这样的事情是没有意义的，是对生命的浪费。所以首先要确定我们做的事情是有意义的，是让我们进步的，是让我们不断取得更好成就，以及获得更多幸福感的事情。第二，当我们确定了应该做的事情以后，就应该争分夺秒地去做，不应该把时间浪费在毫无意义的事情上面。这件事情其实说起来容易做起来难，我也每时每刻都在警告自己一分钟都不应该浪费掉。当然我还算是一个勤奋的人，每天要工作十六七个小时。即使这样，也常常会犯很多愚蠢的错误。有时候做的事情高度不够，明明知道这件事情做了会浪费时间，但是还会去做。比如，昨天晚上我还跟一帮朋友喝酒，有点喝多了，看书和学习都没有效率，这个时间就被浪费掉了。尽管喝酒本身是带来了某种快乐的，跟朋友聚会也很快乐，但是随后时间的浪费让我感觉到非常失落，对自己很失望。

我们要做到不浪费时间，要有高度地去利用时间，这是个修炼的过程。世界上很多有成就的人，实际上都是对时间看得非常重的人。居里夫人为了减少别人来拜访她的时间，在会客室从来不放椅子，让大家站着讲。大家也都知道，另外一个著名科学家法拉第，为了节省时间，拒绝参加一切与科研无关的活动。我们生活中也有一些这样的人。比如华为的任正非，很少参加公开活动，尤其那些热闹的活动从来不参加，就是为了节约时间来认真做华为。所以这些有成就的人对时间都那么珍惜，我们自然应该更加重视。

我们常说两句话："时间就是金钱。""时间就是生命。"这两句话也是富兰克林说的："Time is life." "Time is money."。富兰克林还有另外一句话，"Lose no time; be always employed in something useful; cut off all unnecessary actions."。直译过来就是："不要浪费时间，要总是去做一些有用的事情，停止一切不必要的行动。"employed 是运用，忙于做什么事情叫 employed in，employ 原意是雇用，这里主要指运用时间做什么事情；cut off 是砍掉。

总而言之，富兰克林肯定是一个特别热爱时间的人。除了热爱时间，他也很热爱智慧。我们还可以分享一下他说的一句很有智慧的话："Silence is not always a sign of wisdom, but babbling is ever a folly."。这句话的意思是："沉默并不总是一种智慧的标志，但是唠叨永远是愚蠢的事情。"

日拱一卒
语句解析

squander：浪费，尤其是有意无意的浪费。浪费时间、精力、金钱都可以用 squander，比如 squander time，squander money，squander your energy。

stuff：东西，或者是不太能够命名的一堆东西。比如说你跟人说"Give me that stuff"，意思是把那堆东西给我。你没有说东西的名字，你说的就是你手指向的东西。

made of：组成。the stuff life is made of，意思就是 life is made of the stuff，生命是由时间组成的。

Whatever you do, do it a hundred percent. When you work, work. When you laugh, laugh. When you eat, eat like it's your last meal.

Green Book

不管你做什么，都要做到极致，上班就认真工作，笑就尽情大笑，吃东西时，就像最后一餐那样享受。

——《绿皮书》

投入
不管做什么，都要做到极致

这段话来自一部美国电影，叫作《绿皮书》(*Green Book*)。《绿皮书》讲述了一个简单的故事，黑人钢琴家唐（Don）要在全美国巡回演出，聘请了一个白人司机托尼（Tony），一路上两人从陌生到熟悉，其中有分歧、有冲突，但最后两人在精神上互相鼓励，打破隔阂，变成了好朋友，从而共同成长和进步。

故事中两人的关系既微妙又动人。尽管是一个简单的故事，但是它让大家看到最后都深受感动。我们选的这句话来自《绿皮书》中的司机托尼，是他开着车吃肯德基的时候所说的。黑人钢琴家唐认为肯德基是很普通的底层老百姓吃的，唐觉得自己作为一个有身份、有地位的钢琴家，不能在车上没有餐具的情况下吃这种廉价的食物。托尼就对他说了这样一句话。

实际上这句话想表达的意思很简单。人的一辈子其实做不了太多的事情。来到世界一次不容易，对于生活来讲，你压抑自己是过，你快乐也是过，你尽情欢笑是过，你天天苦闷也是过，所以与其苦闷着、压抑着过，还不如开心地过。唐一直认为黑人地位低下，自己作为黑人钢琴家，就觉得好像非要进入上流社会才行。但是当时美国种族歧视非常严重，虽然唐身为钢琴家，但因为是黑人，仍然受到歧视，有的地方连厕所和试衣间都不让他进，所以他感觉非常憋屈。白人司机来自一个普通家庭，没上过几年学，却无所顾忌地去寻找欢乐的生活，这句话实际上是表达了这种心态。

我非常认可电影中的这句话，就是做任何事情就要 do it a hundred percent（要做到极致）。现在流行一个词叫 all in，就是百分之百投入。我们常常说创业者要 all in，其实生活、学习何尝不是都要 all in，就是 do it a hundred percent。工作的时候就一心工作，我们现在常常是工作的时候玩手机，玩手机的时候又想到工作，不能专心致志去做一件事情；笑的时候总是感觉还有很多压力，不能抓住现在好好地放松自己；吃的时候总想着自己会变胖，总想着自己吃多了会有问题。当然吃多了是会变胖，是会有健康问题，但是你要欣赏你吃的食物，你要有一种喜悦感，尽管可以少吃，但是你依然要有这种喜悦感去品尝食物，就是 eat like it's your last meal（就像最后一餐那样享受），这才是生活的态度。

我觉得这种生活态度我是比较欣赏的，尽管我自己也没有做到，但是我很愿意去做。该开心的时候开心，该努力的时候努力，该吃的时候吃，该睡的时候睡。这个世界其实想通了很简单，没有多少事情是真正值得你去忧虑和牵挂的。

除了这句话，《绿皮书》里还有另外一句话也是我非常欣赏的："There are plenty of lonely people in the world waiting for someone to make the first move."。这句话的意思是：世界上有太多的人不敢踏出第一步，而是等着别人去走第一步。这句话是很深刻的。当我们面对某种希望和前景的时候，很多人都没有勇气走出第一步，而是等别人 to make the first move（踏出第一步），很多人想要做一个 follower（跟随者）。大家都知道，一个人如果想要成为 leader（领导者），他必须有勇气走出别人从来没有走过的一步，去闯别人从来没有闯过的关，以及去敲开别人从来没有敲开过的门。如果想要我们的生命过得更好，We have to make the first move，我们必须首先自己踏出第一步。

Money will come and go, we know that. The most important thing in life will always be the people in this room. Right here, right now.

Fast Five

我们都知道钱生不带来，死不带去。人生中最重要的永远是此时此刻在你身边的那些人。

——《速度与激情 5》

✦ 永恒 ✦
重要的是，此时此刻你身边的人

　　这句话来自《速度与激情 5》，这是一部大家非常熟悉的电影，英文名字叫作 *Fast Five*。《速度与激情》是一个电影连续剧，就是以电影方式呈现的连续剧，完整的英文名字叫 *Fast and Furious*。第五部之所以要叫 Fast Five，把 Furious 去掉，是因为同年的另一部电影《功夫熊猫之盖世五侠的秘密》英文为 *Kung Fu Panda: Secrets of the Furious Five*，为了避免混淆，就把 Furious 给去掉了。

　　《速度与激情》讲述的是一些赛车手为了维护自己的自由和激情所进行的斗争。我们讲的这个句子来自《速度与激情 5》，现在，《速度与激情 10》都已经上映了。这是一系列大家都喜欢看的电影，我看过了三四部。每一部故事情节都有一定的独立性，所以很难对电影故事做详细的讲解。

　　总而言之，《速度与激情》(*Fast and Furious*)这一系列电影，表达了一种人类追求未来、追求公平、追求自由的激情。毫无疑问，这也是大部分美国电影中常见的表达主题。

　　我们来讲一下《速度与激情 5》中的这句话。这句话是男主角多米尼克·特莱托（Dominic Toretto）和他的朋友在行动的前夜所说的一句话。这句话对我们有很大的启示作用。

　　生命是一个潇洒的过程。这句话的后半部分强调了到底什么对人生、对生命最重要，那就是此时此刻在这个房间里的人们（Right

here, right now.)。

我想来谈一下我个人的感悟。首先我想说的是，对人类来说，什么东西是重要的，什么东西是永恒的，这是需要我们思考的一个问题。也许钱真的不是永恒的，由钱所带来的其他东西——房子、车子也许都不是永恒的。但是人类总有一种倾向，就是会问自己一个问题：到底什么是永恒的呢？请你们思考一下，我相信总有一些永恒的点。

我觉得第一种永恒的东西，是我们自己的智慧，它让我们过好自己的一辈子。尽管在我们肉体消失以后，智慧表面上就不存在了，但是我觉得对我们个人来说它还是永恒的。为什么呢？因为我们不知道前世，不知道来生，此时此刻，这辈子我们是不是能够过好，其实就是永恒的一部分。

让我们来看第二种永恒。除了生老病死以外，到底还有什么东西可以在人世间留下来？比如我们的智慧、我们的图书、我们的语言、我们的科技成果，这些是不是可以留下来，这也是一种永恒的表现，这种永恒也许在地球毁灭以前都是存在的。对人类来说，如果有一天地球真的毁灭了，那对我们来说，是不需要我们去焦虑的，因为这是一个客观的、必然发生的存在，为什么要去焦虑呢？在人类存在时，我们有责任让自己过得更好，让人类过得更好。只要能让人类过得更好，我觉得这就是一种永恒的东西。

第三种我觉得永恒的东西是既可以感受到，又能够让我们代代相传的东西。比如说我们的亲情、我们对世界的看法等。我们的思想随着肉体的离世也许就消失了，但实际上，你留下的文字、声音和视频，它是可以代代相传的，那我觉得也就是永恒了。

"永恒"这个概念对我们来说，最重要的不是说连宇宙毁灭了，它都还存在，我相信到宇宙毁灭的一天，我们今天所坚持的一切都将不存在。但是更加重要的是，人生在世，到底什么东西是我们最关注，并且可以伴随我们一辈子的。我觉得比如说我们的亲人、朋友、最友好的合作者、从精神到心灵上给予我们足够帮助的人，这些人也许永远都是伴随在我们身边的人。只要我们的生命还在，他们的陪伴就必然存在或者说永远存在，我相信所有这些东西才是我们所考虑的永恒的东西。所以从这个意义上来说，《速度与激情》中多米尼克所说的这句话是一句特别正确，并且有意义的话。

日拱一卒

语句解析

come and go：这是一个口头禅，也是英语的俗语。Something will come and go，就是别太在意，事情有来就有去；Money will come and go，就是钱生不带来，死不带去；Material will come and go，就是物质的东西有得有失。

The person who tries to live alone will not succeed as a human being. His heart withers if it does not answer another heart. His mind shrinks away if he hears only the echoes of his own thoughts and finds no other inspiration.

Pearl S. Buck

想要独自生活的人无法获得成功，如果没有回应别人的心灵，他的心会枯萎。只听到自己想法的回响而没得到其他灵感，他的心智会萎缩。

——赛珍珠

✦ 交往 ✦
人会在交流中产生思想的火花

  这句话来自美国著名作家珀尔·巴克（Pearl S. Buck）。说珀尔·巴克也许大家不太熟悉，如果我说赛珍珠，大家可能就非常熟悉了。赛珍珠来自她的英文名字 Pearl S.，把 S 变成赛，Pearl 本身是珍珠的意思。1892 年，赛珍珠出生在美国西弗吉尼亚州（West Virginia）。父母是传教士，在她四个月大的时候，父母就带她到中国来传教。她一生待在中国差不多 40 年，其中有 18 年在江苏镇江度过。传教士跟老百姓有非常深刻的接触，这对赛珍珠影响很深。因为赛珍珠是跟中国底层人民密切生活在一起的，她对中国人的生活苦难和历史磨难产生了深刻的同情、关爱和理解。她一生一直把中国当作第二祖国来对待，还在南京的金陵大学教授过英语文学。金陵大学是南京大学的前身，南京大学到今天还保留着她曾经住过的小楼，大家有机会到南京可以去看一看。

  1938 年，赛珍珠获得了诺贝尔文学奖。获奖的评语是这么说的，"她对中国农民生活进行了丰富与真实的史诗般的描述"。她一生写的所有东西几乎都是关于中国的，获奖作品英文名字叫作 *The Good Earth*，中文翻译成《大地》。这本小说曾经在 1931 年和 1932 年排在全美最畅销的图书前列。赛珍珠不仅获得了诺贝尔文学奖，还获得了普利策小说奖，也是美国著名的文学大奖。

  关于这句话，我的感悟主要有如下四个方面。

第一,人天生就是社交动物(Human beings are social animals.)。所谓 social animals(社交动物)就是必须大家在一起生活的动物,而不是独自生活。所以她说人不能 live alone,人不太可能孤独而生。有人可能会说,有些古代的隐士不就是住在山里面的吗?我们来讲一个美国著名隐士梭罗的故事,他写过著名文学作品《瓦尔登湖》。书中描述的梭罗好像在湖边住了一两年的时间,从来没离开过。但大家所不知道的是,实际上梭罗每个礼拜都要去周边的小镇一到两次,并且在那儿喝咖啡、喝酒,和朋友交流,所以他并没有离开人类。很多古代的隐士,尽管隐居在山林中,但他们心中有一个渴望,总是希望有人到山里面去寻找他们,去看望他们。实际上对任何人来说,绝对孤独的生活是很难生存下去的。

第二,人与人之间,只有心与心的交流,才能给人带来快乐和思想。"His heart withers if it does not answer another heart."。要是他不回应另外一颗心的话,他的心就会枯萎掉。也就是说,人与人的心的交往能给人带来最大的雨露滋润,可以激活思想和灵感,这才是人际交往最重要的地方。我们为什么要寻找爱人?因为这就是心与心的碰撞。我们为什么要跟自己的亲人在一起?因为这就是情与情的交融。而我们为什么不跟我们的敌人住在一起?因为跟敌人交往,他的心跟你不在一起。

第三,人能不能一个人过好一生?大概是可以的。但是我们也发现,很多一个人过的人,他是通过阅读、信息的查阅来与人类社会交往的。我们阅读图书和欣赏影视,其实也是在跟人类社会交往。我们今天所说的宅男或者宅女,他们在家里真的是彻底宅着,不跟人类接触吗?他们是接触他人的,只不过是通过某种虚拟的方式,比如通过网络、视频跟人交往,他们也许在现实中丧失了跟人真实交往的能力,但在虚拟空间增强了交往能力。当然我是不赞成这样的，因为我觉得只有跟真实的人交往，才能给我们带来一种踏实感。

最后一点，如果想要获得丰富的人生，一定要和他人交往，具有对不同文化的理解、对人与人之间的感情的深刻同情和理解。所以我相信，每个人都希望自己过着丰富的人生，但如果你因为害怕丰富人生过程中的麻烦而逃避，那么你的生活也将会变得苍白。所以就我个人来说，我一直鼓励大家进入真实的生活，通过心与心的交往，通过思想与思想的碰撞，让我们的生命变得更加丰富，思想越来越深刻。

日拱一卒

语句解析

wither：枯萎。
shrink：收缩变干。shrink away 是越缩越小。
echo：回声，回音。
inspiration：灵感。inspire 是动词，激发灵感，如果你被什么东西激发灵感就是"I am inspired by something."。

If, for example, you come at four o'clock in the afternoon, then at three o'clock I shall begin to be happy. I shall feel happier and happier as the hour advances. At four o'clock, I shall already be worrying and jumping about. I shall show you how happy I am! But if you come at just any time, I shall never know at what hour my heart is to be ready to greet you…

Antoine de Saint-Exupéry, The Little Prince

如果你说你在下午四点来,从三点钟开始,
我就感觉很快乐。时间越临近,我就越来越感到快乐。
到了四点钟的时候,我就会坐立不安。
我想要你知道我有多么幸福,但是如果你随便什么时候来,
我就不知道在什么时候准备好迎接你的心情了……

——安东尼·德·圣-埃克苏佩里,《小王子》

✦ 仪式感 ✦
真正的幸福需要有仪式感

这个句子来自安东尼·德·圣-埃克苏佩里（Antoine de Saint-Exupéry）的《小王子》。《小王子》这本书大家再熟悉不过了，英文名字叫作 *The Little Prince*。

这段话是狐狸对小王子说的。大家知道，《小王子》整个故事讲的是两者之间的一种联结。狐狸有一个理论，就是要先驯养（tame），驯养以后两个人就建立了一种特别的纽带和关系。本来你是可以属于任何人的，唯独可能不属于我。但通过纽带的联结以后，你就变成了我的唯一。很多人只有在唯一的友谊、唯一的爱情中，才能体会到真正的快乐和幸福。小王子离开孤独的星球，和他的玫瑰花分离以后，来到了地球，遇见狐狸。狐狸就跟小王子建立了一种纽带关系。他为了表达这种独特的纽带关系，就讲了这么一段话。

整句话背后表达了一个概念，就是真正幸福的事情是需要有仪式感的，这种仪式感不能少。因为你一旦缺乏仪式感，什么东西都变得很随便，很随便就显得不那么珍贵了。所以他说"One must observe the proper rites."就是这个意思，一个人要遵循一定的仪式感才行。

小王子的故事大家都非常熟悉，但故事的背景也需要了解。地球上的成人互相之间变得越来越冷漠，越来越不愿意接近生命的真相去追求幸福，而是在一种平淡和平庸状态下生活。小王子和狐狸的故事，就是让我们看到了真诚的友谊和爱，能够带来什么样的效果。

《小王子》中还有两句话，我也想跟大家分享。第一句话是："Men have not more time to understand anything. They buy things already made at the shops. But there is no shop anywhere where one can buy friendship, and so men have no friends any more."。这句话的中文意思是：人们已经没有时间去理解任何东西了，因为他们在店里买已经做好的东西。但是在任何店里都买不到友谊，所以现代人已经没有任何朋友。这句话也说出了我们的心声，大家忙忙碌碌、追名逐利，但是到最后却把友谊——我们生命中最珍贵的东西，扔到了一边。

另外还有一句话我也想跟大家分享："And now here is my secret, a very simple secret. It is only with the heart that one can see rightly; what is essential is invisible to the eyes."。这句话的中文意思是：这就是我的秘密，一个非常简单的秘密，只有用我们的心，我们才能看得对，才能看到正确的东西。所以生活的真相，眼睛是看不见的，眼睛只能看到表象，invisible to the eyes。有时候我们光是注意到很多东西的外表，看到一个人开辆豪车觉得这个人牛，看到一个人长得很漂亮觉得这个人很有魅力。但是实际上，一个人真正的魅力，是他内心的善良，是他内心更加崇高的追求。

我们从《小王子》的三句话中，应该能体会到，除了追求名利、金钱、财富，我们还应该追求真正的爱，真正的人与人之间独特的纽带，以及人与人之间深厚的友谊。

日拱一卒

语句解析

at just any time：这句话是"随便在任何时候"的意思。any 表示任何、随时，比较随便，这是和仪式感相反的意思。有时候人需要遵循一定时间和地点，用合适的方式来做事情，就是"One must observe the proper rites."。

Remember life is a race.
If you don't run fast, you'll get trampled.

3 Idiots

请记住,生活是场赛跑,不跑快点就会惨遭蹂躏。

——《三傻大闹宝莱坞》

✦ 竞争 ✦
生命就是一场赛跑

这句话来自一部印度的著名电影 *3 Idiots*，中文名为《三傻大闹宝莱坞》。这部喜剧电影不少人应该都看过，讲的是大学生的故事。大家也许看过《中国合伙人》，电影讲了三个大学生创业的故事，是以新东方为原型。《三傻大闹宝莱坞》是根据印度畅销书作家巴哈特的处女作《五点人》(*Five Point Someone*)改编而成的。巴哈特是印度小说史上最畅销的作家之一，其实这部电影也有一点点他的自传的味道。电影中的主人公兰彻（Rancho）曾经在里面说，"有些人先去念机械，然后去学管理，最后去做了银行家"，这正是小说的作者巴哈特自己的人生经历。

这部电影讲的是在印度皇家工程学院的三个学生的故事。印度的皇家工程学院地位和性质相当于中国的清华大学，这三个学生一个是主人公兰彻，一个是拉杜（Raju），还有一个是法兰（Farhan），他们三个是同宿舍的同学。拉杜的梦想是当工程师，但是没有自信；法兰虽然在学习工科，却一心一意想要变成野生动物摄影师；兰彻有自己的梦想，成绩也很好，但是个性特立独行。这里面还有第四个人物，就是跟他们合不来的一个模范生查图尔（Chatur），学习成绩也很好，他跟兰彻打赌说十年以后要一决高下。过了十年，法兰成为著名动物摄影师，拉杜成为大工程师。兰彻成了大科学家，选择在学校当老师，并且拥有了400多项专利。而查图尔，跟兰彻打赌的那个人，在企业拿着高薪，成了金领阶层。这个时候再回过来看，查图尔才觉得自己好像尽管有了高薪，却失去了点什么，远远不如兰彻他们过得更加有精神内涵。影片中也穿插了兰彻的爱情故事。

我们选的这句话是新生到皇家工程学院入学报到的时候，院长在开学典礼上对他们说的一句话。

全世界到处都存在竞争，印度和中国作为两个人口大国，在优质教育资源和工作、生活的竞争上，显得更加剧烈，所以可以看出来，东方文化对于竞争的概念都是相似的。

人要不断地参与竞争，因为不竞争的话你就不可能得到优势教育资源，所以我们一路从小学、中学到大学的认真努力的学习，实际上都是一种竞争。我们希望自己的社会地位越来越高、名声越来越大也是一种竞争。但是人一生不仅要参与竞争，还要追求自己喜欢的事情。就像我们刚才说的，比如说拉杜愿意当工程师，而法兰愿意去做野生动物摄影师，兰彻从一开始就希望成为一个科学家。也就意味着，人要追求自己喜欢的东西，再去竞争，重要的不仅仅是跑到第几名，不仅仅是在表面世俗中的社会地位比人高到哪里去，而是自己内心的充实和满足。这件事情无比重要。未来大家在追求自己人生的道路上，这两点都是要关注的：第一，要参与竞争；第二，人生不仅仅是为了竞争，还要为了生命更加丰满，为了自己的生活更加充实，为了让自己的一生过得让自己喜欢并且有意义。

电影中另外有一句话，是法兰为了当摄影师而对他爸爸说的，我们也可以来参考一下。他说："Dad, what'll happen if I become a photographer? I'll earn less, I'll have a smaller house, a smaller car. But I'll be happy. I would be really happy."。翻译过来就是：爸爸，当我变成一个摄影师时会发生什么？我会挣钱挣得更少，我的房子会

更小，我的汽车会更小，但是我会高兴，我会幸福，我会真的幸福。这实际上表明了另外一个道理，我们人生的追求，一切要以自己的快乐和幸福、内心的满足为核心价值，这才是真正重要的东西。

我们再来看一句话，我觉得也可以分享一下。这句话是这么说的："A realization that only comes with time is that knowing which friends are real is much more important than having a lot of them."。意思是说：随着时间的推移，我们就会真正地意识到一个道理，就是认识真正的朋友要比认识很多很多的朋友重要得多。这也就是人生中的一个真理，人生得三五个知己就足够，一大堆的普通朋友除了让你感到热闹，其实什么用也没有。

日拱一卒

语句解析

trample：践踏或者蹂躏。get trampled 就是被人践踏。

What makes life valuable is that it
doesn't last forever.
What makes it precious is that it ends.

The Amazing Spider-man 2

生命的可贵之处就是它无法永垂不朽，
正因为有限，所以才显得更加珍贵。

——《超凡蜘蛛侠 2》

✦ 珍惜 ✦
珍惜每一天，过好每一天

这句话来自一部美国电影 *The Amazing Spider-man 2*，翻译过来就是《超凡蜘蛛侠2》。蜘蛛侠这个故事大家都非常熟悉，所以具体的情节就不详述了。讲一个逸事，演这部电影的男主角安德鲁·加菲尔德和女主角艾玛·斯通，在《超凡蜘蛛侠》里面演的是情侣，在戏外也是情侣。男主角安德鲁·加菲尔德除了演过《超凡蜘蛛侠》系列，还演过我们非常熟悉的两部电影：一部叫《血战钢锯岭》，另一部叫作《社交网络》。

这句话来自电影中的女主角格温·斯坦西，是她在高中毕业典礼上发表的演讲中的一句话。

关于生命的长短，其实部分意义上我们只能掌控一部分。我们每个人都希望活到100岁，但是生命中总会遇到各种各样的意外事件，比如说事故或者疾病，常常会使我们的生命戛然而止。同时我们生活中还有一些不可控的东西，包括饮食中的危险、空气的污染等，或多或少会缩短我们的生命。但是就算我们没有发生任何意外，各种对自己的保障措施都做得很好，我们也最多能活到100岁左右。生命 doesn't last forever（不能永远延续下去），是不可能长生不老的。

正是因为生命有限，我们并不知道到底能活多久，反倒会珍惜我们所活的每一天。我们因为各种机缘巧合来到这个地球上，只有一次生命。其实我们不管相信前世，还是期待来世，都很难说清楚我们的前身到底是什么,后辈子又是什么。所以我特别相信一句话:只有今生今世是我们最美好的时光。

对于我来说,我一直认为人一定要有两种心态:第一种心态是,因为我们并不知道未来会发生什么,所以享受当下,享受每一天。跟自己喜欢的朋友在一起,跟自己挚爱的家人在一起,做自己喜欢的事情,让每一天过得愉悦,过得开心。当然,这种愉悦和开心并不是说不承担责任,不付出,而是在承担责任、付出努力的同时,我们依然要让自己愉悦和开心,因为人活在当下是最重要的。

但是作为人,我们也不能像动物一样,吃饱了睡,睡好了吃,我们一定要期待未来。就像我刚才说的,我们并不知道未来到底有多久,也许50年,也许100年,who knows!但是不管怎样,只有今天花出一部分力气,为未来做准备,我们未来才会变得更好。比如说我们今天要读书和学习,也许很多人对学习、读书、考试这种事情并不是很喜欢,但是依然有这么多人在学习,准备各种考试,为什么呢?我们知道所有这些东西,都会为我们未来更好的生活做准备,因为我们希望未来的每一天比现在过得更好。生命会结束,它不能永恒,这件事情听上去有点悲伤,但是实际上它恰恰让我们能够珍惜当下的每一刻、每一天。既过好今天,也为明天、为未来做好充分的准备。

我们既然活着,就要让自己活得更好,让自己活得更精彩。要做到这一点,最重要的就是珍惜当下,同时也为未来而努力奋斗。

日拱一卒

语句解析

valuable:来自 value,有价值的、珍贵的。

precious:和 valuable 是同义词,甚至比 valuable 更推进一些。比如很珍贵的礼物、很珍贵的生命,通常就用 precious。

it ends:end 在这里作为动词用,就是结束。

I figure life is a gift and I don't intend on wasting it. You never know what hand you're going to get dealt next. You learn to take life as it comes at you.

Titanic

我认为生命是一份礼物，我不想浪费它。
你不会知道下一手牌会是什么，要学会接受生活。

——《泰坦尼克号》

✦ 接受 ✦
生命是一份礼物，不能浪费它

这段话选自一部非常熟悉的电影《泰坦尼克号》(*Titanic*)，来自电影的男主角杰克(Jack)。杰克是一个下层人，因为赌博赢了一张票，所以就混进了泰坦尼克号上的富人中。当餐桌上一群贵族看不起他的时候，他就讲了这么一番话。

整部电影就是讲一个很穷的画家杰克，爱上了贵族女罗丝(Rose)的爱情故事。在船上时，富家女罗丝心情不好想要投海自尽，被杰克救了下来。接下来，两人互生好感，杰克为罗丝画像，带她体验日常生活的快乐，让罗丝发现了生活的美好，最后两人不顾身份的不同坠入了爱河。在泰坦尼克号沉没的时候，杰克为救罗丝，自己冻死在了冰海之中。

这个故事实际上就是杰克这段话的体现。因为作为一个穷画家，他能够乐观地对待生活，最后又能在危急的时刻把生的希望让给自己最爱的人。人类的美好无过于此。

讲完了电影故事和句子的缘由后，我来讲一下自己的感悟。

第一，我觉得对于任何人来说，很多东西都是不能自己选择的，包括我们的出身，我们出生的国家，以及国家政策、法律对人的限制等都不是可以由你自己选择的。既然你出生在这个家庭里，既然你生存在这个环境中，那你就不得不接受这些。所以，对已经存在的现状和环境不能接受的人，生命是悲苦的。因为他无从逃离又不能接受。而且我们都知道，抱怨是没有用的。

所以我们的最佳状态是接受现状。但是接受现状并不等于说要始终保持这个现状，我们首先是接受它，其次是努力改变它。接受现状，把现状中的好东西拿出来，可以继续享受。就像电影中的杰克，尽管处于社会底层，但他依然对生活充满热爱。在享受现状的同时，要继续努力，让自己获得更好的生存条件、更好的生存环境、更好的机会。这是第二点，先接受现状，然后是继续努力。

第三，人始终要保有任何时候只要有机会就突破障碍的决心和信心。大家都知道《肖申克的救赎》这部电影，主角安迪一点一点地用一个小锤子挖出了一个洞，最后经过二十年左右的努力终于让自己从监狱中逃了出去。这告诉我们，永远不要放弃希望，永远要有突破障碍的决心。不管处在什么环境中，我们要做到三方面。第一，具有等待的耐心；第二，具有希望的信心；第三，做出合适的行动。这样的话，慢慢从量变到质变，我们的生命就会改变。

第四，一个人不管处于什么状态，要满足于该满足的，不满足的要争取想办法改变。所谓满足于该满足的，比如有的人喜欢抱怨，抱怨来自什么？来自攀比，来自对更好的生活的追求不能满足。比如说有人很喜欢买更好的车，租更好的房子，买更好的包包，当然这无可非议，但是有时候到达一定物质方面满足的时候，我们可以去追求更加丰富的精神生活，而不是待在抱怨中。房子再大，就像有人说的，我们需要的只是一张床，而我们精神的丰富却是没有任何限制的。所以我们可以对知识的渴求不满足，在世界行走，了解世界。但是，我们一定要满足于该满足的，不满足的要想办法改变，这样的话我们生命会更加丰富。

所以我觉得，抓住这几点，我们就符合现在讲的这句话了。生命不是用来浪费的，你也不知道明天会发生什么，抓住今天，过好生活，同时为明天过得更好去努力，去做准备。

日拱一卒

语句解析

figure:既可以作动词也可以作名词。作为名词意思是身材、物体的形状;这里为动词,I figure 相当于 I guess 或者 I think,我觉得、我认为。

intend on doing something:打算做某事。don't intend on wasting it,不打算浪费它。

get dealt hand:dealt 来自动词 deal,处理、发牌的意思。所以 get dealt hand 相当于被动语态,被发了一手牌;get dealt a good hand 是被发了一手好牌;get dealt a bad hand 是被发了一手坏牌。

The world doesn't care how many times you fall down, as long as it's one fewer than the number of times you get back up.

Aaron Sorkin

这个世界不会在乎你摔倒多少次,只要比你站起来的次数少一次就可以了。

——艾伦·索金

·挫折·
摔倒后站起来，就是胜利者

这句话选自艾伦·索金（Aaron Sorkin）在锡拉丘兹大学2012年的毕业演讲。艾伦·索金是在美国影视界非常有名的一位人物。大家可能听说过两部美国的电视连续剧：一部中文翻译成《白宫风云》，英文是 The West Wing；另一部是《新闻编辑室》，英文叫 The Newsroom。这两部电视连续剧在美国的影响都是非常大的，编剧都是艾伦·索金。还有一部广为人知的电影叫作《社交网络》（The Social Network）。《社交网络》原来是一本书，这本书写的是脸书（Facebook）的故事，把这部书改编成电影也是艾伦·索金完成的。

艾伦·索金毕业于锡拉丘兹大学。我们之前也提过锡拉丘兹大学，有不少名人都到锡拉丘兹大学做过演讲，也有不少名人是锡拉丘兹大学毕业生，这是一个在美国排名不算特别靠前，但是常常有名人出现的大学。这是很有意思的一个现象，也说明并不是所有有成就的人都毕业于特别著名的大学。

这句话意思比较明确，就是你别在乎摔倒了多少次，只要最后一次站起来，你站起来的次数就比摔倒多一次，最终的胜利者就是你。

艾伦·索金演讲的题目叫作"你怎样生活特别重要"（How You Live Matters），整个演讲都是讲的他自己的故事。艾伦·索金一生其实并不一帆风顺，尽管他生于一个富有的犹太家庭，但是他在整个人生过程中也曾遭受挫折。

在某种意义上，这句话是对他自己人生的总结。人一辈子总是磕磕绊绊的，中国有句俗话说，"人生不如意事十有八九"，不可能总有一帆风顺的人生。就算生在富人家里，含着金汤匙出生，人生也不一定一帆风顺。有些人即使绝对富有，在经济上没有任何问题，但是精神上依然可能会很空虚。所以我们要过一个有意义的丰富的人生，实际上是跟我们人生的惰性、遇到的苦难、遭遇的困境不断地做斗争，不断地让自己勇往直前的过程。每个人生命中都或多或少有各种各样不如意的事情，是被不如意的事情击倒了，再也爬不起来，还是能够面对任何一种生活中的艰难困苦，鼓起勇气继续前行，到最后能够成为超越自我的英雄，成为被人公认的英雄人物，我觉得全看我们自己的人生态度。

所以希望大家一起共同努力。请记住了，只要你站起来的次数比摔倒的次数多一次，你就是胜利者。

日拱一卒

语句解析

fall down：摔倒、跌倒。
as long as：只要、就要。
one fewer：比……少一次。"it's one fewer than…"就是比后面所说的要少一次。
get back up：特指摔倒了爬起来的过程。

However bad life may seem, there is always something you can do and succeed at. While there is life, there is hope.

The Theory of Everything

无论生活看起来有多糟糕,总有一些事情你可以做,可以取得成功。留得青山在,不怕没柴烧。

——《万物理论》

✦ 坎坷 ✦
无论身处何境，都不要放弃希望

这句话来自霍金（Stephen Hawking）。他是现代最伟大的物理学家之一，在宇宙论和黑洞的研究领域有着卓越的贡献。最重要的是，霍金一生瘫痪，在只能动两三个手指头的前提下，用电脑合成发音器，写出了很多伟大的著作。他的一生为大家做了很多示范，是大家的榜样，大部分人在患上肌肉萎缩症以后，一般就放弃了希望，但是他一直坚持了下去。他在剑桥大学认识的女朋友简·王尔德（Jane Wilde），在他得病以后也始终陪伴着他，坚持跟他结婚，没有抛弃他，使霍金在生命中看到了希望，坚持自己的研究。

后来简·王尔德写了一部回忆录，根据回忆录又拍了一部电影，这部电影叫作 The Theory of Everything，中文翻译为《万物理论》。电影上映以后，霍金去看电影的时候也非常感动。这句话最早来自霍金在香港科技大学的演讲，有人问他，是什么样的力量支撑他病后的生活，并且坚持研究。霍金就回答了我们要讲的这句话。

这句话没有语法上的难点，我们下面就根据这句话和霍金的一生来讲一下感悟。

第一，人生总能遇到各种沟沟坎坎，遇到所有你可能完全意想不到的事情。霍金在剑桥大学读书的时候，是一个非常健康的、有超级聪明头脑的天才学生。他在 21 岁的时候突然就得了肌肉萎缩症，而且当时医生告诉他最多活两年时间。他的女朋友简·王尔德并没有放弃他，给他的生命带来了希望。我想说的是，我们不一定会遇到霍金这么糟糕、这么绝望的处境，但是生命中也会遇到各种各样的坎坷，有处理不了的事情，有让人绝望的事情，有痛苦的事情。遇到这样的沟沟坎坎我们是不是就从此放弃自己，放弃希望？现在很多年轻人遇到点事情就抑郁了，遇到点事情就绝望了，完全没有勇气去面对自己的生活。我们如果这样，跟霍金相比，就完全是个失败者的样子。

第二，无论如何，我们之所以能够战胜困难，实际上因为心中对未来充满了希望。当远方有灯光的时候，你自然就会愿意向远方走过去；当发现远方是一片黑暗的时候，你就很容易放弃。只要我们心中有希望，就像远方永远会有灯光指引着我们，永远往前走，因为你对未来还充满期待。

但是光有希望，光想着我未来会更好，不采取任何行动，未来并不一定会更好。所以第三点要做的，就是要分析，要冷静、理性地去分析，我们到底为什么会遇到这样的沟沟坎坎，是我们自己造成的还是环境造成的。分析完了以后你就能够明白是什么样的原因造成的。也许有些东西是我们的个性造成的，有时候是交友不善造成的，有时候可能是环境造成的。所谓"树挪死，人挪活"，在一个城市生活，如果不舒适，是不是也许可以换个城市。把原因分析清楚，就有了解决问题的方法。

把第三点做好以后，我觉得可以做第四点。我们一定要采取行动，行动、行动加行动，强调三遍，为什么？因为只有行动，只有去做，才能够把问题解决掉。如果说你面对问题，面对生活中的困惑，不采取行动，不积极地去解决问题的话，那么问题会永远存在。如果是因为我们的个性问题，那就让我们的个性变得更加强悍；如果是因为环境问题，我们就改变环境；如果是因为人的问题，是别人给你造成的问题，那就远离这样的人，或者如果远离不了，那就跟对方一起认真讨论如何解决问题。"行动、行动加行动"是让我们的生命和人生变得更好的制胜法宝。就霍金来说，他从来没有放弃自己，只要他的头脑可以继续用，他的大脑就一直在研究宇宙论和黑洞，最后他做出了巨大的成就。这种成就又反过来支撑我们的生命。因为当你发现人生能不断取得成就的时候，你会觉得自己活得有价值。越觉得有价值，你越会去创造成就，人生就越辉煌。

老俞
书单

1.《整理你的床铺》

2.《圣女贞德》

3.《亚当·比德》

4.《大地》

5.《小王子》

老俞影单

1. 《终结者》

2. 《绿皮书》

3. 《速度与激情 5》

4. 《三傻大闹宝莱坞》

5. 《超凡蜘蛛侠 2》

6. 《泰坦尼克号》

7. 《白宫风云》

8. 《新闻编辑室》

9. 《万物理论》

5 PART | 认清生活真相后,依然热爱生活

Whenever you feel like criticizing anyone, just remember that all the people in this world haven't had the advantages that you've had.

F. Scott Fitzgerald, The Great Gatsby

每当你想要批评任何人的时候,你就记住,这个世界上所有的人,并不是个个都有过你拥有的那些优越条件。

——F. 斯科特 · 菲茨杰拉德,《了不起的盖茨比》

✦ 换位思考 ✦
不是所有人都有优越条件

  这句话选自美国著名的作家 F. 斯科特·菲茨杰拉德（F. Scott Fitzgerald）的一部著名的小说《了不起的盖茨比》(*The Great Gatsby*)。我相信大家应该对此书不陌生。2013 年，很多人都到电影院里去看了由莱昂纳多·迪卡普里奥（Leonardo DiCaprio）主演的电影《了不起的盖茨比》。这部小说在美国可以说尽人皆知，几乎每个人都读过，名声跟《麦田里的守望者》可以媲美。

  小说的故事情节和电影基本一致。书中讲到一个叫盖茨比（Gatsby）的人，在年轻时爱上了一名叫作黛西（Daisy）的女孩。盖茨比是一个中尉，没有什么本钱。他从军以后，黛西就嫁给了浪荡公子汤姆，过着奢华的生活。盖茨比回来以后，觉得黛西不爱他是因为他没钱，他因此认为只要有钱就行，事实上经过努力，盖茨比变得很有钱。作为旁观者的尼克，发现盖茨比对自己的表妹黛西的感情以后，就把表妹和盖茨比凑到一起。但在这个时候，黛西已经从一个清纯的小姑娘，变成了对浮华奢靡生活入迷的人。尽管她表面上应付盖茨比，但是实际上她只是把他当作一种刺激，并没有真正爱上他。最后黛西开车撞死了自己老公汤姆的情妇，盖茨比为了把黛西救下来，自己主动承担了责任，结果被汤姆情妇的丈夫开枪打死。黛西也没有来参加盖茨比的葬礼，而是跟自己老公到欧洲旅行去了。

这部小说从深层意义上揭露了纸醉金迷世界中的冷漠和无情，同时也描写了一个人一生的痴情。这种一生的痴情和世界的冷漠形成鲜明的对照，才让这本小说显得如此传奇。

我们很容易去批判或者批评别人，比如说看到有人在地上乱扔东西，农民穿得不是那么整洁，你可能很容易就批判他们。但是，其实我们很难去理解这些农民或者农民工他们背后生活的艰辛。有时候看到一个妈妈在教训孩子，我们也会批判这样的妈妈。其实我们很难理解一个妈妈承担一个孩子的生活学习负担的时候，她内心的焦躁和焦虑。我们也很容易去指责政府没有把相关的事情全部干好，我们其实有的时候很难理解，这么大的国家，要管理得井井有条是多么困难的一件事情。当然这也不是说，这就是不把国家管理得井井有条的借口。

我只是想说，有的时候我们容易站在自己的立场去批判别人、指责别人，其实这个世界上最重要的是我们要能够站在别人的立场想想别人。比如说刚开始的尼克对盖茨比抱着一种非常大的偏见，发现他胡吃海喝、挥霍浪费，后来尼克才理解到盖茨比做这一切就是为了吸引自己的心上人黛西，他为了吸引心上人回到自己身边付出了一切，不惜一切代价，其实从盖茨比内心来说，他也不想这么挥霍和浪费。所以对任何人进行判断的时候，我们一定要先充分地理解对方，这样才能够做出一个正确的判断。

同时还有一点，我们批判任何人的时候，不仅要考虑到对方没有我们所拥有的优势地位，而且要能够站在对方的立场去考虑问题。我们要深刻地理解，这个世界上并不是所有的人都可以拥有同样的资源，拥有同样的地位，拥有同样得天独厚的优势。其实大部分人在这世界上的生活都不容易，所以我们内心多一分宽容，这个世界就会多一分美好。

最后说一下菲茨杰拉德这个小说家。他在美国是非常有名的，出生于 1896 年，最初是一个贫穷的作者，在他写作还没成功的时候，他爱上了当时亚拉巴马州最有名的一个美女塞尔达（Zelda），但塞尔达根本就不理他。后来他拼命写作，终于让自己的作品受到美国人民的欢迎，变成了一个有钱的作家，同时也如愿跟塞尔达结婚，两人生活在一起。大家都认为这是一对金童玉女，但实际上夫妻两人纵情享乐、挥金如土，也做了很多出格的事情。美国大萧条以后，菲茨杰拉德浮华的写作风格不再受到追捧，家道中落，其后塞尔达去世，菲茨杰拉德也因为酗酒引发心脏病，在年仅 44 岁的时候去世了。最后他们两个人还是埋葬在了一起，依然是一对非常好的夫妻。这就是 *The Great Gatsby* 整部小说的背景，其实带有一点点自传的色彩。

人的一生不容易，都需要经历各种奋斗、各种努力，大家在奋斗努力的过程中要能够把控住自己，要能够一直过得既充满斗志又平静平安，这是一件特别不容易的事情。

日拱一卒

语句解析

feel like doing something：想要去做某事。你可以说 "I feel like going to watch a movie."，意思是我想去看场电影。feel like criticizing anyone 意思是特别想要去批判别人或者指责别人。

the advantages：拥有的优越感或优势。拥有别人所没拥有的资源，叫作 haven't had the advantages that you've had。

The more one judges, the less one loves.

Honoré de Balzac

一个人评判的越多,爱的就越少。

——奥诺雷 · 德 · 巴尔扎克

✦ 理性 ✦
一个人评判的越多，爱的就越少

这个句子来自法国著名小说家巴尔扎克（Balzac）。大家对他的小说《人间喜剧》《高老头》《欧也妮·葛朗台》等应该是非常熟悉的。巴尔扎克被认为是"文学上的拿破仑"，他自己也说过，拿破仑用剑未能完成的事业，他要用笔来完成。你想，这是一个多么有雄心壮志的文学家。法国另外一位文学大师雨果在巴尔扎克的哀悼会上，曾经这样评价巴尔扎克："在最伟大的人物中巴尔扎克是名列前茅，在最优秀的人物中巴尔扎克是佼佼者。"雨果本身就是一位伟大的文学家和思想家，他的《悲惨世界》大家一定读过。我在巴黎的时候曾经去拜访过雨果的故居，站在故居里面你真的能够感受到大师过去生活的氛围，以及他的思想光辉那种隐性、灵性的存在。不管巴尔扎克还是雨果，都是特别伟大的作家，都通过小说为世界的思想和社会进步带来了重大启示。

我们分享的这句话是特别短的一句话："The more one judges, the less one loves."。

中国有句话叫作"情人眼里出西施"，在你看来情人是天仙一样的人，但在旁观者看来可能就是一般的人。因为旁观者是带着评判的眼光的，而一旦你fall in love（陷入爱河），带着情感，情感就会覆盖大部分的理性，情感越深而理性就越少。大家再想想，我们对自己的亲人，尤其是对自己的孩子，心里其实只有爱，是很少有判断和挑剔的，即使你知道他们身上有些毛病，也会非常容忍。当你要做出选择的时候，爱一定是放在第一位的。

那反过来说，判断本身是一种理性，是一种冷峻的眼光。如果你处于一种场景，在这种场景里有无数评判你的眼光来看你，你是不是会感觉到 very uneasy，就是非常不愉快、非常不舒服？因为你知道这种评判中，一定会对你有贬有褒，甚至有怀疑。但是当你处在亲人和要好的朋友中，他们对你不是评判，而是一种喜欢、一种爱、一种接纳。在这种人与人的关系中，你会感觉到非常愉快、非常舒适。当然这并不意味着我们对人再也不做任何判断了，尤其是在社会上跟人交往的时候，在你完整地接纳这个人以前，实际上我们是一定要判断的，爱情和婚姻在接纳之前会有判断，朋友在接纳之前也会有判断。这种判断是一种前置行为。

其实我们对事业也是一样的。在投身于某个事业以前，我们要判断对这份事业到底是不是喜欢，是不是愿意把自己所有的精力、时间、金钱都投入其中。如果你决定这就是自己希望终身从事的事业，那么到最后就把判断让给爱，这个时候你就不能再去判断，而应该全身心地投入，才能够有所成就。所以对事业和对人都是一样的，当我们全身心投入爱时，我们的理性判断一定会减少。这并不意味着我们不理性地去做事情，要把理性和充满热情、饱含感情的爱分开来看。

人生的成就和不完美都来自这两种感情的交替。我们希望自己的人生更完美，那么我们要更好地去判断人和事，判断好以后，要更好地把我们深深的爱投入这样的人和事中去。

日拱一卒

语句解析

judge:这里 judge 不光是理性判断的意思,也有挑剔的意思。你带着挑剔的、判断的眼光去看一件事情的时候,你很少能够爱上它。

Prejudice is a burden that confuses the past, threatens the future and renders the present inaccessible.

Maya Angelou

偏见是一种负担，它混淆过去，威胁未来，并让我们无法掌握当下。

——玛雅·安吉罗

·偏见·
偏见是压在自己身上的负担

这句话来自美国著名的女诗人玛雅·安吉罗（Maya Angelou）。玛雅·安吉罗的故事非常有意思。她曾经是公共汽车司机，由于是黑人，常常遭受各种偏见和歧视。在这个过程中，她自己一路奋斗，做过舞女、厨子，到成为剧作家、诗人。她最高的荣誉是受克林顿总统之邀，在总统的就职典礼上朗诵她所写的诗歌。2011年，奥巴马总统为她颁发了总统自由勋章。她是一个经过自我奋斗最后取得成就的人。对她来说，她感受最深的就是美国社会的各种偏见，比如美国的种族偏见、肤色偏见、对于女性的偏见等，我们选择的这句话也是有关偏见的。

这句话的核心意思是：偏见使你没有办法真正看懂、看透这个世界。如果你不能看懂、看透这个世界，那就意味着你对过去是糊涂的，对现在也是没法把控的，而将来又是不可触摸的。我觉得这是玛雅自己对偏见的深刻体会。

我们来讲一下偏见这件事本身。一个人的偏见能不能被消除？我觉得不可能百分之百被消除，因为自己的出身、社会地位、民族或多或少都会带来一些偏见。这种偏见是没法彻底消除的，因为是人就有观点，就有看法。

但是我们怎样让自己的偏见不影响生活的发展呢？我觉得主要是两个态度：第一，如果你对某个东西不加调查就坚持自己的看法，比如你就认为某个人是坏的，某个人是好的，某个国家民族是坏的，某个国家民族是好的，这种偏见就是固执和狭隘的。所以对你的任何一个观点和看法，都要反过来扪心自问，这种看法有没有事实的支持。第二，我觉得在任何时候，不管是个人生活还是社会生活，如果用宽容的态度来对待别人的观点、身份、地位和信仰，那么这种宽容往往能够带来社会繁荣，让人类可以和谐共处。美国作家房龙写过《宽容》，讲了世界的发展就是人与人之间，在宗教上、思想上、自由上、信仰上的互相宽容，只有这样，才能走向现代社会。所以偏见有几个特点：第一，只是根据自己的眼光、价值观下决断，带有种族、性别等偏见；第二，偏见往往和我们出生的社会环境有关系，和社会地位有关系，比如在城里出生的人可能看不起农民工，觉得他们又脏又乱，好像又没有文化。但是他们没有想清楚的是，在中国百分之六七十的基层工作，包括造楼、修建大马路、造高铁的工作都是由农民工完成的。所以要想清楚这些事情，就不会出现自己高高在上的优越感。

偏见常常是因为戴了有色眼镜去看这个世界。一旦戴上有色眼镜，看什么东西都是自己的那种颜色，而世界本来的颜色，可能并不是你看到的那种。我们遇到任何事情，一定要以宽容的态度消除自己的固执，消除自己的执念，用大慈大悲的心理，以平等、自由、博爱、仁慈、善良的态度去审视和看待它。把这种态度放在你的人性中，再来看这个世界的时候，世界在你的眼中会好很多。原来你看不起的人或者事情，你会觉得他们的存在是一种必然，跟他们和谐共处对我们来说也是一种快乐。

日拱一卒

语句解析

prejudice：偏见。judice 是 judge 的意思，pre- 做前缀，是预先的意思，不是根据现实来判断，心中预先就有对事情的固定想法，就是 prejudice。

confuse：使糊涂、使迷惑，名词 confusion。

render：使……产生……的结果。朗文词典中关于 render 用法的例句是"The blow to his head was strong enough to render him unconscious."，render him unconscious 就是使得他失去了知觉。render the present inaccessible 就是使现在无法触及、无法到达，就是说你无法掌控现实。

inaccessible：来自 accessible。accessible 是可接触到的、可到达的，朗文词典中关于 accessible 的例句是"The island is only accessible by boat."，就是"这个岛只有通过乘船才能够到达"，任何其他办法都是 inaccessible，in- 加上 accessible 表示不可到达。

It was neither possible nor necessary
to educate people who never
questioned anything.

Joseph Heller, Catch-22

对于从不质疑任何事情的人,
你没有办法也没有必要教育他们。

——约瑟夫 · 海勒,《第二十二条军规》

◆ 质疑 ◆
人应该独立思考，大胆质疑

这句话选自美国著名的幽默作家约瑟夫·海勒（Joseph Heller）所写的一本著名小说 *Catch-22*。

约瑟夫·海勒毕业于纽约大学，后来到哥伦比亚大学攻读文学硕士，在耶鲁大学教小说和戏剧创作，之后写出了 *Catch-22*，中文翻译成《第二十二条军规》。他也因此一举成名，成为专门从事写作的作家。

约瑟夫·海勒一辈子写了很多小说，最有名的依然是《第二十二条军规》。《第二十二条军规》写的是"二战"时期美国的一个空军基地发生的事情。其核心要素集中在，所有的军事规定互相矛盾，使战士完全达不到自己想要请假回国的目的。这个完全不能摆脱的循环困境，就叫作 catch。所有的军规最后循环起来，让任何一个人都没有获得自由的可能性。比如，第二十二条军规是这样规定的：只有疯子可以免于飞行，但是必须本人提出申请，而你一旦提出申请就恰恰证明你是一个正常人，所以你还得去飞行。同时还有另外一个规定，飞行员飞满 25 架次就能回国，但是规定又强调必须绝对服从命令，只要有一次不服从命令就不能回国。上级就可以不断给飞行员增加飞行次数，这样循环往复，飞行员根本回不了国。

这句话提出来时有一个场景，学员们刚开始是随心所欲地问问题，司令部感到非常恐怖，觉得问问题问到最后就没法管了。所以他们就

| 311

提出了一个要求，凡是从来没有问过问题的人才能问问题，最后就变成了所有的人都不能问问题，因为问过问题以后就再也不能问问题了。最后他们发现这些人已经变成了傻瓜，所以觉得没有什么必要再教育他们了。这句话是书里一个中校所讲的。

所选这句话本来的上下文意思是：如果是绝对服从命令、不产生任何疑问的人，就没有必要教育了，让他们当炮灰他们就可以当炮灰，让他们干什么他们就可以干什么。其实这个概念大家也不是很陌生，有些教育实际上就是在寻找标准答案的过程，在这个过程中大家其实不需要有任何问题或质疑，只要背就可以了。所以有些人把教育简化成了标准答案教育，而不是思考型的教育。我们都知道，最重要的教育其实是思考型的教育。

这句话脱离上下情境，我们可以用另外一种解释来说。如果一个人不会提出任何疑问，也不会去进行独立思考，那么你再教育他也是不管用的。所以这个世界上一个人想要变得有智慧，想要变得有开拓精神，想要最后能创造出自己的一片世界，想要对世界的思想、文化、哲学发展做出重大贡献，最重要的事情实际上还是提出自己的疑问。不能人云亦云，不能父母和领导让你干什么就干什么，而是要独立地思考，独立地判断，来决定这件事情到底要不要做，到底值不值得做，这样做到底是不是有违自己的原则，到底是好还是坏。一个有独立思考能力的、不断质疑的人，才能让这个世界取得更多的进步。所以对于那些不会思考的人来说，教育确实就是没用的。

日拱一卒
语句解析

catch：作为名词就是陷阱、圈套的意思，指意想不到的问题或障碍。Catch-22 在英语中已经成为难以逾越的障碍或无法摆脱的困境的意思，是自相矛盾的、荒谬的、带有欺骗忽悠性质的暗黑规则的代名词。

My pain may be the reason for somebody's laugh.
But my laugh must never be the reason
for somebody's pain.

Charlie Chaplin

**我的痛苦可能成为别人大笑的理由,
但是我的欢笑绝对不可以成为别人痛苦的原因。**

——查理·卓别林

✦ 痛苦 ✦
我的欢乐绝对不可以成为别人痛苦的原因

这个句子来自著名的喜剧电影演员查理·卓别林（Charlie Chaplin）。说起卓别林，从小到大我们看过他很多喜剧电影，包括著名的《摩登时代》《大独裁者》等。这些电影都给我们带来了非常好的感受，让我们能够开怀大笑。但我们在读了卓别林所说的这句话之后，大概会对喜剧演员有更加深入的认识。

他说："我的痛苦可能成为别人大笑的理由，但是我的欢笑绝对不可以成为别人痛苦的原因。"这句话到底包含了什么意思呢？

首先，卓别林这里的"痛苦"，我认为它包含了两个含义。第一个含义，做喜剧本身是痛苦的。大家都知道，平淡的剧本或演出，是很容易做到的。但是要表演出让人捧腹大笑、开怀大笑的喜剧，是不容易做到的，要绞尽脑汁才能把一部喜剧剧本编写成，并策划好。著名相声演员冯巩跟我很熟，他跟我说过，每次要创作一部相声到春节联欢晚会上演出，都是绞尽脑汁，大概要用大半年的时间，反复琢磨，才能把相声词写出来。常常自以为写得很好，结果观众根本就不买账。相声要让大家笑，确实是不容易的事情。绞尽脑汁创作这件事情就包含了很多痛苦。

第二个含义，喜剧的背后，实际上讲述的是人世沧桑和小人物的无奈，是某种自嘲、滑稽和讽刺。喜剧往往比悲剧更加能够深入人心，就是这个原因。它往往描写的是人世间的痛苦，个人的生存状态的痛苦，但是又要用让人发笑的形式表现出来，这是另外一层痛苦。所以，喜剧演员常常体会着一种非常痛苦的人生，为什么这么说呢？卓别林在舞台上的表现，典型的小胡子、大裤子、文明棍、大礼帽，这种形象和状态我们看到就想笑。大家所不知道的是，卓别林其实现实生活中是个抑郁症患者。当然，身为喜剧演员得抑郁症的，卓别林并不是唯一。还有两位大家比较熟悉的演员：一位是美国的著名演员金·凯瑞（Jim Carrey），他演过很多喜剧电影，却是个抑郁症患者；另外一位是大家更加熟悉的憨豆先生（Mr. Bean），也是特别严重的抑郁症患者，尽管他的每一部喜剧作品都让人发笑。喜剧演员自己在对故事的分析和演出中，让自己的人生变得越来越痛苦，却让别人、让观众变得快乐，所以可见卓别林对于痛苦的体会有多深刻。

其次，这里面有两种笑。"我的痛苦可能成为别人大笑的理由，但是我的欢笑绝对不可以成为别人痛苦的原因。"第一种笑就是他的作品本身引人发笑，通过对自己的嘲笑、对角色的故意贬低，让观众开心地笑；第二种笑，实际上是他希望让观众笑，而不是自己笑。如果自己笑，演出的喜剧就一点都不好笑了，观众就变得痛苦，谁也不想去看一部看了不开心或者是不好笑的喜剧。中国有句话叫作"先天下之忧而忧，后天下之乐而乐"，着眼于小处，在这儿表达的一层意思是"后观众之笑而笑"，也就是说观众笑了自己才有笑的理由。可见，卓别林是一个心地非常善良的人。我想说的是，一个自己笑却让别人痛苦的人，往往是一个无良的人，或者是道德沦丧的人。我们身边也许就有这样的人，自己得到了利益，得到了好处，伤害了别人，却开怀大笑，别人的痛苦被完全无视。我希望越来越多的人，宁可让自己痛苦一点，让别人笑得更加开心一点。至少不要把自己的痛苦转嫁给别人，也不要以别人的痛苦为代价来获取自己的开心。

最后讲一个逸事,卓别林总共结了四次婚,前面三次婚姻都不幸福。到 1943 年,他 54 岁左右的时候迎娶了第四任妻子,这位妻子是美国著名剧作家、诺贝尔奖获得者尤金·奥尼尔的女儿乌娜·奥尼尔。当时乌娜只有 18 岁,一心一意要嫁给卓别林,可是尤金·奥尼尔坚决不愿意,以至于父女之间还断绝了关系。对于这段爱情,世人也从来没有看好过,它却成为卓别林一生中最美好的时光。乌娜跟他结婚以后,为他养育了八个儿女,一直伴随卓别林到他 1977 年去世为止。我对尤金·奥尼尔也比较了解,因为我在大学的时候专门研究过他的剧作。奥尼尔继承了古希腊的悲剧思想,在他的剧作中这种思想痕迹随处可见,这也常常反映出一个启示:人生注定是一场悲剧。

人生就是这样,在痛苦和欢笑中来回交替,我们能做的就是赢得自己更加丰富的人生。

Let our advance worrying become
advance thinking and planning.

Winston Churchill

把事前忧虑的时间,花在事前的思索与准备。

——温斯顿·丘吉尔

✦ 筹谋 ✦
与其焦虑，不如冷静计划和思考

　　这句话来自一位著名的大人物温斯顿·丘吉尔（Winston Churchill）。他作为英国首相，直接指挥英国参与了第二次世界大战，并和苏联、美国等反法西斯阵营联合，打败德国纳粹，赢得了第二次世界大战欧洲战场的胜利。

　　这句话也说出了丘吉尔做事情的特征。丘吉尔经历过两次世界大战，1953年获得了诺贝尔文学奖，可谓一生功绩卓著、成果累累，他是怎么做到的？实际上非常简单：对自己的人生认真地思考和计划。他成为英国首相的时候，对各种形势和情况条分缕析、合理规划，最终掌握主动权，取得了"二战"的胜利。

　　这句话是他自己人生的感悟。我们都知道，与其生活在焦虑和忧虑中无所事事，不如退而织网，认真地思考和计划未来的每一天。做到这点，从计划明天开始，也许我们的人生就会更加美好。

　　丘吉尔的出身非常好，他出生在贵族家庭，父亲担任过英国的财政大臣。丘吉尔年轻的时候在著名的哈罗公学学习，成绩并不是特别好，他毕业后没有上大学，而是到了军事学校去学习，在那里开始自己的军旅生涯。他毕业后当了随军战地记者，在这个过程中除了自己写报道，他还阅读了大量的历史哲学著作。大家可能想不到的是，丘吉尔的文字功底相当深厚，写过不止一部小说。他在只有20多岁的时候就开始参选议员，并胜利当选。由于贵族出身，背景很好，他曾出任英国海军大臣、商务大臣、内政大臣，直到 1940 年成为英国首相，带领英国在第二次世界大战中取得了伟大的胜利。从他的履历可以看到，他既出身好，又对自己的人生进行了很好的规划。我们常常说，即使你出身再好，如果个人不奋斗，也是没有希望的。

有一件事情足以证明丘吉尔个人的努力。他是迄今为止全世界掌握词汇量最大的人之一，大概掌握了 12 万的词汇。我拼了老命，最终能掌握的词汇量大概是 3 万，现在也只剩下一两万了。可见，一件事情要做到极致，要付出多么艰辛的努力。

根据丘吉尔的这句话，我想说三点。第一点，任何成功和成就都是预先筹划的结果，都是要做好充分准备的结果。比如高考，在高考前一天、两天、三天，焦虑和担心已经没有任何用处了，高考能够取得成功，都是来自前面一年、两年甚至三年来日日夜夜的努力。

如果这次高考没有准备好，你就要好好反思一下，未来做任何事情一定要预留足够的时间来进行充分的准备，千万不能临时抱佛脚。

第二点，思考和计划永远比焦虑本身更加重要。我们常常被一些无用的情绪所控制，比如焦虑、担忧、愤怒、生气，但是这些东西其实对人生没有一点好处。我们当然可以表达自己的情绪，也可以表达自己的愤怒，但是更加重要的是冷静下来思考自己所遇到的问题到底是什么，该怎么解决，以及未来到底怎么样才能变得更好。

第三点，我们要过有规划的人生。尽管人生所有事情并不是都能提前规划出来的，比如说找女朋友或男朋友就很难规划。有时候马路上偶遇的反而变成了自己的心上人，在办公室里天天见面的反而从来没有任何感觉，所以这些都是没法规划的。但是生命中大事的成就，都是来自我们的规划的。所以希望大家对自己的人生能够有所规划，每一周、每一月、每一年，包括我们的一生，通过规划必将能过得更好。

讲完了这句话的内涵,我们再讲一下丘吉尔的另一句话。丘吉尔是全世界最著名的演讲家之一。有人曾经评选过全世界近百年来最有说服力的演讲家,最后评出来的八个人中就有丘吉尔,还有我们非常熟悉的马丁·路德·金(Martin Luther King),还有富兰克林·德拉诺·罗斯福(Franklin Delano Roosevelt),就是"二战"时期的美国总统罗斯福。丘吉尔的演讲中最著名的就是他在"二战"时期对英国人民发表的那篇演讲,叫作"我们决不投降(We Shall Never Surrender)"。中间有一句话我来跟大家分享一下:"We shall fight on the beaches, we shall fight on the landing grounds, we shall fight in the fields and in the streets, we shall fight in the hills. We shall never surrender."。这句话的意思是:"我们将在海滩作战,我们将在敌人登陆的地点作战,我们将在田野和街头作战,我们将在山区作战,但是我们决不投降。"民族不投降,就会有希望;个人不投降,就一定会成功。

The busier we are, the more acutely we feel that we live, the more conscious we are of life.

Immanuel Kant

我们越是忙碌，越能强烈地感觉到我们活着，越能觉察到生命的存在。

——伊曼努尔·康德

◆ 创造 ◆
有些忙是疲惫，有些忙是创造

这句话来自德国著名哲学家康德。康德是 18 世纪世界上最伟大的哲学家之一，有人认为他是继亚里士多德之后的最伟大的哲学家，后来很多哲学家都受到过他的思想的影响，比如说黑格尔、尼采、叔本华等。康德最著名的著作就是三大批判——《纯粹理性批判》《实践理性批判》《判断力批判》。我在大学时期曾经试图去读懂这三本关于批判的书，但都是一知半解。不管怎样，康德的确带来了一场哲学上的革命，开创了德国古典哲学的流派，对后世的哲学思想也有重大的影响。

当然我们更喜欢的是康德的一些名人逸事。比如说康德的一个习惯是十分守时。他当时在哥尼斯堡大学教书，生活非常规律，每天下午 3 点半准时出来，到门前的小路上散步。大概当时德国造的时钟也不是那么准确，当地的老百姓会根据他出来散步的时间校对时钟。康德是一个学术能力特别强的人。除了哲学以外，他在大学里教授好多门课，比如物理学、数学、逻辑学、形而上学，还教授火器、筑城学、自然地理等。

大家都知道，古代、中世纪和近代的很多学者，一般都是通才而不是专才。通才的好处是思想广阔，专才的优势是钻研深刻。但一个人要想成大事的话，在某种意义上通才比专才更加重要。

另外，康德终身未婚。一方面这是因为他的内心对婚姻产生某种恐惧；另一方面因为即使他在大学拼命教书，经济条件起初也不好，不足以娶妻生子。所以他后来曾经说过一句话："当我需要女人时，我养不起她们；当我养得起时，我不需要了。"康德是一个刻板严谨的学者，但也是一个风趣的人。

康德这句话所讲的忙碌，不是我们日常意义上的忙碌。我觉得如果我们一天到晚做着重复的事情，不加思考地机械式工作，忙忙碌碌无所成就的话，那么这种忙是白忙的。我们知道，人世间大部分人实际上都是白忙的，因为他们为了他人外在的眼光，被人指使，忙得没有重点，做的是对自己的生命没有太多价值的事情。

康德一生非常忙碌，每天工作十几个小时，研究了那么多学问，在某种意义上奠定了世界古典哲学的基础。他的忙是做真正重要的事情，思考人类的终极命运，思考人类智慧极致的境界，这种忙我觉得再怎么为之付出也不过分。所以忙本身不是重点，重点是到底在忙什么。当然，一个人如果忙的是有意义的事情，例如创造新的思想、新的成就，忙的是人类的进步，或者你的忙对周围人的生活状况能够起到比较大的作用，那么我觉得这些所谓的忙都是值得的。

这种忙会让你感觉到生命的存在（conscious of life），我们觉得我们还活着。我自己就有这样的感觉，如果每天做的是碌碌无为的事情，再忙也觉得有点垂头丧气。但是如果有一天读了本极具思想性的书，或者是做了一件事情对别人有帮助，有助于事业进步，那么这样的忙就会让人有扬眉吐气的感觉，让人感觉到生命活力的存在。所以，康德这句话最核心的就在于到底在忙什么。

康德还有另外一句话，大家可能也非常熟悉，那就是刻在他墓碑上的一句话。翻译成中文是这样的：有两种东西，我对它们的思考越是深沉和持久，它们在我心灵中唤起的惊奇和敬畏就越日新月异，这就是我头上的星空和心中的道德法则。这是来自他的《实践理性批判》中的一句话，刻在了他的墓碑上，原文是德文。德文翻译成英文是非常难的，德文句子的平均长度比英文长一倍以上。有人把这句话翻译成英文："Two things fill me with constantly increasing admiration and awe, the longer and more earnestly I reflect on them: the starry heavens without and the moral law within."。without 不是"没有"的意思，而是"在外面"。the starry heavens without 就是"外面的星空"，the moral law within 是"内心的道德法则"。

日拱一卒

语句解析

acutely：剧烈地、强烈地。My pain is very acute，我身上的痛是如此强烈；the more acutely we feel that we live，我们强烈地感觉到我们活着。

conscious of：意识到、体会到。the more conscious we are of life，we are 插入 conscious of 之间，为了使 conscious 和 the more 能够相对应。把这个句子还原为正常语序再完整翻译出来是：we are more conscious of life，我们越能够察觉到我们的生命。

To see a world in a grain of sand
And a heaven in a wild flower,
Hold infinity in the palm of your hand
And eternity in an hour.

William Blake, Auguries of Innocence

一粒沙里见世界,

一朵花里见天堂。

手掌里盛住无限,

一刹那便是永劫。

——威廉·布莱克,《天真的预言》

✦ 领悟 ✦
从有限的生命中，发展无限的可能性

这四句诗歌来自英国著名诗人威廉·布莱克（William Blake）的《天真的寓言》（"Auguries of Innocence"）最开头的四句。

威廉·布莱克是英国 18 世纪的浪漫主义诗人，其实他生前基本上没有什么名声，即使死后一段时间也没有引起多大轰动。但是到了 20 世纪初，世界著名诗人威廉·巴特勒·叶芝（William Butler Yeats）一直特别推崇他的诗歌，并且整理了他的诗集，这个时候人们才逐渐发现威廉·布莱克的魅力。

威廉·布莱克其实对英国的另外一个著名诗人威廉·华兹华斯（William Wordsworth）也起到了比较大的影响。尽管布莱克生前没有什么名气，但是他的诗歌的格调、境界，包括所表现的哲学观，都对后来的诗人产生过一定的影响。

丰子恺先生是用七字式翻译的这四句诗，我用了五字式。丰子恺的翻译是：

一粒沙里见世界，
一朵花里见天堂。
手掌里盛住无限，
一刹那便是永劫。

我翻译成：

> 一沙一世界，
> 一花一天堂。
> 手掌握无限，
> 刹那成永恒。

那么它归根到底讲的是什么内容呢？主要是说这个世界是无穷无限的，永恒也是存在的，但是人的生命是有限的，我们的感官所接触的世界是有限的。我们要在接触的有限中去体会无限，就要以小见大。比如说从一粒沙子中，我们能看到完整的世界；从一朵花中，我们能看到天堂的颜色。人的一辈子受地理、环境、出身的局限，在古代还要受交通工具的局限，一辈子能看到的世界其实都是有限的。但是在我们有限的世界之外，永恒和无限一直是存在的。我们要怎么样去体会那种永恒和无限？就是在有限的接触中，从一粒沙、一朵花中去体会。

我个人觉得这是非常充满哲理的人生态度。我是比较认可这样的人生态度的。我们穷尽自己的全部精力、资源和能力，也不可能接触到这个世界的全部。就算你能接触到地球的全部，也不可能接触到宇宙的全部，我们都知道宇宙充满了 infinity（无限），也有可能它是 eternity（永恒）。

但是，我们不能因为人类的局限性就不再去探索世界，不再去深入研究世界，也不再去领悟世界。所以从有限中领悟无限的人生，从有限的生命中去发展出我们无限的可能性，这就是我们人生要追求的某种哲学含义，也是让我们人生更加丰富的一种道路和路径。

日拱一卒

语句解析

a grain of sand:"沙"是不可数名词,所以"一粒沙"要用 a grain of。grain 有粮食的意思,还有颗粒的意思,任何颗粒状的东西都可以叫作 grain。

heaven:天堂,和 paradise 相似。但 heaven 的概念比 paradise 更加广泛,它是无所不包的天堂、天空。

infinity:infinity 的意思是无限、无穷。infinite 是形容词,无穷无尽的、无限的。把 in- 拿掉是 finite,有限的,相当于 limited。

palm:指手掌。in the palm of your hand 是在手掌中间,意思是"掌控"。

eternity:永恒,就是 forever still there 的概念。讲到这个词,我就想到了古埃及的一个故事。当时古埃及人为了造方尖碑,要从山上一点一点把石头周围砍掉,砍出一个方尖碑来。路过的人就问他们,一个方尖碑那么大,一代人根本就砍不完,有什么意义?对你的人生来说,一辈子一件事情都完不成。埃及人的回答很像是我们《愚公移山》中的回答:"What's the rush, if we are doing something for eternity?"。意思就是说:"如果我们在为永恒做某件事情的话,我们有必要匆忙吗?"他们的意思很明确,既然方尖碑只要竖起来就是永恒的,那么我们一代又一代人做下去,无怨无悔。很像《愚公移山》中子子孙孙地挖下去,最后把王屋山移走的概念。

Your time is limited, so don't waste it living someone else's life. Don't be trapped by dogma—which is living with the results of other people's thinking. Don't let the noise of others' opinions drown out your own inner voice. And most important, have the courage to follow your heart and intuition.

Steve Jobs

你们的时间都有限,所以不要按照别人的意愿去活,这是浪费时间。不要囿于成见,那是在按照别人设想的结果而活。不要让别人观点的聒噪声,淹没自己的心声。最主要的是,要有跟着自己感觉和直觉走的勇气。

——史蒂夫·乔布斯

◆ 直觉 ◆
请鼓起勇气追逐自己的本心

史蒂夫·乔布斯（Steve Jobs）是苹果公司的创始人，我们现在所用的智能手机最初的创新想法就来自乔布斯，他通过智能手机和平板电脑改变了人们对于世界的认知。我们选的这句话来自乔布斯 2005 年在斯坦福大学毕业典礼上的演讲。演讲的题目叫作"Stay Hungry, Stay Foolish"，翻译成中文是"求知若渴，虚心若愚"。

这里的 hungry 不是指肚子饿，而是指对知识的渴望；foolish 表示人一直要有"认为自己是愚蠢的"状态，这样你才能不断地追求新的知识。所以一个人要 stay hungry，stay foolish，总是渴望，总是去求知，这样才能变得越来越有创造力，也越来越聪明。

乔布斯的一生就是他自己这句话的写照。他在做演讲的时候，其实已经知道自己的身体出了问题，这使他更加感觉到了时间的紧迫，让他意识到了一个人只有靠着自己独立的思想去努力创造，才不枉此生。而你要是总是跟着别人的想法走，就会把时间大量地浪费在别人身上，这是特别不合算的。

整句话表达的意思就是：别听别人的，走自己的路，别人该哭、该笑、该讽刺、该打击、该赞扬，都是别人的事情。只有你遵循自己内心的道路，遵循自己的直觉，遵循自己独立的想法，你才能够走出自己的道路来，才能够真正有所成就。

乔布斯这句话是演讲时一种鼓励人的话语。我想说的是，一个人一辈子要走自己的路，不去在意别人的想法，有三个步骤。

第一个步骤，其实人从出生时的一张白纸开始，经过少年、青年到中年，一直在多角度地学习别人的思想。这个世界上最糟糕的是，从小只接受一种思想的教育，始终认为这种思想就是正确的，排斥一切其他可能的优秀思想，人就容易变得非常狭隘、非常固执。所以我们从少年到青年成长的过程，就要不断多角度地去学习别人的思想，了解他人对事情的想法。通过把各种思想和想法放在一起对照，再去建立你认为对于个人发展和社会进步最佳的思想体系。我始终相信，一个人一辈子不一定非要遵循一种思想体系去走，完全可以把多种思想体系融合在一起，形成一种更高境界的思想体系。

第二个步骤，就是建立自己的思想和追求体系。通过这样的学习，让自己的思想体系和追求体系独立、成熟起来。因为随着你自己拥有独立思考的能力，拥有对世界的经历和观察，你就会形成自己的思想。思想和追求的标志一定是广阔的，一定是能够为人类社会带来进步的，或者至少在一定程度上是能够丰富自己的内心和思想的。这是最重要的，否则你往往会认为自己已经拥有了思想，拥有了独立的追求，但是你的思想和追求可能是对社会有害的或者是非常狭隘的，也依然并不成熟。

第三个步骤，才是听从内心，排除他人的眼光，跟随自己的内心和直觉去生活和成长。因为你要做到这一点，就意味着已经通过冷静理性的思考，知道自己所遵循的道路，知道自己内心的想法是正确的，能够把你的人生带到更高的、更丰富的境界。所以我觉得乔布斯这句话实际上是讲到了第三种境界。对于乔布斯这样经过了世事考验的人，他可以完全遵循自己的内心去生活。但是我们在遵循自己的内心之前，一定要有先学习和成长的过程。

其实即使如此独立有创意的人也会犯错。他刚刚检查出来罹患癌症，还是癌症早期的时候，医生告诉他是胰腺癌，可以做手术，有百分之七八十的成功率。他坚决拒绝，采取了保守疗法，直到最后癌症发展得越来越严重，不得已才接受了现代医学的治疗，结果为时已晚。如果乔布斯一开始就听从医生的话，他就有可能现在还活在这个世界上。所以即使聪明如乔布斯都会犯这样的错误，我们每一个人在人生前行的道路上更要不断地纠正自己，不断地让自己内心变得更加开阔，多方面地分析自己所面临的情况，并且采取最好的策略。我觉得这才是我们生命中最重要的东西。

日拱一卒

语句解析

living someone else's life：过别人的生活。

trap：陷阱。be trapped by 就是被……所困住、限制住。

dogma：指"教义、教条、别人的想法"。朗文词典中的英文解释是："A set of firm beliefs held by a group of people who expect other people to accept these beliefs without thinking about them."。翻译过来是：被一群人所拥有的一整套固定的信念和想法，并且这群人还希望其他人在完全不加思考的前提下来追寻这些信念和想法。

drown：淹死。drown out，淹没于……之中。

intuition：指人的直觉，我们常常说人的直觉是最重要的，内心是最重要的，因为只有内心和直觉能够告诉你真正想要什么。

It's wrong what they say about the past,
I've learned, about how you can bury it.
Because the past claws its way out.

Khaled Hosseini, The Kite Runner

人们说陈年旧事可以被埋葬，然而我终于明白这是错的，因为往事会自行爬上来。

——卡勒德·胡赛尼，《追风筝的人》

·过去·
所有的过去会变成人生的全部

这句话来自阿富汗裔美籍著名作家卡勒德·胡赛尼所写的《追风筝的人》，英文叫作 *The Kite Runner*。我相信这部小说大家一点都不陌生，无数的人都被这部小说的故事所感动，被两个少年的真诚情谊，以及后来各种复杂的事情体现出的人情关系与面对世界的挣扎和困苦所感动。

这是这部小说开头写的一句话。这部小说很像是胡赛尼半自传的回忆录，作者回忆了他小时候在阿富汗长大，因为各种变迁，最后定居美国的经历。特别是他跟另外一个小伙伴哈桑一起长大的故事。

我自己读了这部小说后很感动，后来我的孩子也认真地把小说读了，也觉得很感动。从少年时的清纯，少年时朋友之间的感情，到社会的复杂导致最后背叛，以及因为懦弱而带来的对友情的伤害，再到大了以后对这种友情的回忆，最后发现世界很多事情的真相等。这是一本极其有影响力的作品，被译为各种文字，在全世界销售了 6000 多万册。胡赛尼还有其他作品，包括《灿烂千阳》(*A Thousand Splendid Suns*) 等。他的作品有巨大的影响力，获得了很多的奖项。

这部小说，包括这句话给我带来的感悟是：把我们所有的过去加起来，它会变成你人生的全部内容。对于有的人来说，就是在这样的人生中沉溺、消沉下去，被过去的所有东西压倒。还有一种人会从过往经历中，抽离出各种让自己精神、思想、生命更加丰富的东西。因为过去，构建了自己丰富的生命，同时也会从这里走向未来。没有人能够删除过去，除非他丧失记忆。我们过去的生命，总有好的东西，也有不好的东西，坦然去承认自己做错的事情，并且通过自己的行为去挽救过去的遗憾，将来会做得更好。或者说总是去追忆我们过去清纯美好的时光，让未来这样的时光延续得更久。

不管怎样，今天会变成过去，明天随着岁月的流逝也会变成过去，任何我们做的事情都会变成过去……而过去就会像爪子一样牢牢地抓住我们的灵魂，牢牢地抓住我们的心灵。所以今天我们做的每一件事情都要对得起自己，要对得起自己的身份，对得起自己的感觉，对得起自己的道德和良心。那么在未来的某个点，我们在回忆过去的时候，正能量将会变成我们生命走向未来的真正动力。在生命中，我们面对一个人的友情，面对一群人的友谊，要非常小心，要好好珍惜和爱护。这样我们的一生，就能结交一批有正能量的朋友，获得友情和亲情，在孤独的人生道路上，会有越来越多的人陪伴我们一直走下去。

日拱一卒

语句解析

what they say about the past：后面插了一句 I've learned，这是插入语，表示"我领悟到"，其实可以放到前面。I've learned that it's wrong what they say about the past and about how you can bury it，这样两个 about 就连起来了，就是关于过去，关于你如何能够把过去埋葬掉这件事情，我终于明白了这是错的，因为 the past claws its way out。

claw：本来是指动物的爪子，作为动词，意思是用爪子抓。claws its way out 指能像爪子抓住一样把自己的路走出来，意思是牢牢地抓住人不放，紧扣在你的心里、扣进人的记忆中。

When you stay in your room and rage or sneer or shrug your shoulders, as I did for many years, the world and its problems are impossibly daunting. But when you go out and put yourself in real relation to real people, or even just real animals, there's a very real danger that you might love some of them.

Jonathan Franzen

当你宅在房间里愤怒、嘲笑或耸肩的时候,就像我过去很多年一样,这个世界和所有问题只会让你畏惧。但是,当你走出去和活生生的人建立起互动关系,哪怕是和活生生的动物互动起来,你可能会遇到的危险是——爱上某些人、某些动物。

——乔纳森·弗兰岑

✦ 直面 ✦
世界是现实存在,我们要去体验

这句话来自美国当代著名小说家乔纳森·弗兰岑(Jonathan Franzen),在美国的凯尼恩学院(Kenyon College)做的毕业典礼演讲。

他的演讲主题主要是鼓励年轻人勇敢地走出去,接触社会,接触人,勇敢面对人生中的所有问题,而不要逃避,要建立和世界的紧密联系。

弗兰岑是当今美国比较受欢迎的一位小说家。他最著名的一部小说是 2010 年出版的 *Freedom*,中文名叫《自由》。这部小说面世以后,引发了抢购热潮,并且因为这部小说,弗兰岑被评论界誉为伟大的美国小说家之一。他写的另外一本小说叫作《纠正》,英文名叫作 *The Corrections*,获得了普利策提名奖和美国国家图书奖,是一本非常好的小说。这两本小说可以看作姐妹篇,讲述的就是中产阶级家庭的精神困境,以及突破困境、追求自由的场景。

我们首先来讲一下弗兰岑自己的人生态度,他是非常反对虚拟社交等社交媒体的。他认为年轻人宅在家里,不敢面对现实世界而活在虚拟世界,那么现实世界就会离他们越来越远,慢慢地,现实世界看上去就会越来越可怕。人老是宅在家里不跟真实世界打交道,会失去和真实世界打交道的能力。

其实我们也都知道,人和人建立稳固成熟的关系,是要靠面对面打交道;人与人之间的感情的加深,甚至是爱情的发生,也是要靠面对面的。当一个人不跟现实世界打交道的时候,他到最后就会对现实世界产生某种恐惧，以至于不能再融入现实世界，这是人最大的悲哀，也是最大的威胁。所以你还不如走进现实世界，唯一会碰到的问题可能就是你会爱上其中的一些，当然除了爱以外，你也可能会恨其中的一些。但是，这才是丰富的人生。

我个人的体会是，这个世界是现实存在，并且要我们去体验的。不管怎样，你隔着玻璃去看暴风雨，像看电影一样地看，和你走进暴风雨中，让暴风雨把自己浇个透湿，是不一样的。感受被风雨滋润的那种愉悦，是你隔着玻璃看暴风雨永远感受不到的。

这个世界往往是你站在边上看的时候觉得很凶险，但是一旦加入其中，你会发现自己其实就是其中一员。我举个简单的例子，比如我们在高速公路上开车，当你把车停在路边时，你发现汽车疯了似的一辆辆从你身边驶过去，这往往带来恐惧感。你想，这么大的车流，开得那么快，我怎么可能加入进去呢。但是当你启动发动机，把汽车加速以后，加入奔驰的车流中，其实你跟那些车是在以一样的速度往前开。只要大家以同样的速度往前开，其实就不存在太多危险。而且由于你的车也是在车流中，即使遇到慢的、快的，或挤你的汽车，你也可以从容地避让开。

所以当某种东西让你感到恐怖的时候，你加入其中，其实是不那么恐怖的。我有的时候全世界旅游，到一些被认为很危险的国家，我常常会受到警告，结果真的进入了那些国家以后，我发现尽管背后也有风险，但是因为处于那个环境中，其实所获得的乐趣和知识远远大于对危险的恐惧。所以我想说的就是，走进真实世界，与真实的人们交往，让我们的心灵变得更加充实而完美，让我们有爱的能力，去爱这个世界上值得爱的一切。

日拱一卒

语句解析

rage：暴怒、愤怒。比 anger 更深一层的愤怒。

sneer：嘲笑、嘲弄、嗤之以鼻。

shrug your shoulders：这是外国人的一个典型的动作，耸耸肩膀表示不屑一顾。

daunting：令人畏惧的、令人望而却步的。

impossibly：不可能地。就是畏惧到了让人感觉到几乎不可能跨出一步的状态。impossibly 在这里用来形容 daunting 的程度。

in real relation to real people：和真人真事打交道，建立真实的关系，对应网络社交中的虚拟关系。

there's a very real danger：非常可能产生的真实危险，就是你爱上了某些人，这个是不是真的危险呢？不是，所以这是一个反讽语，爱上人当然不是危险了，所以实际上他是鼓励大家走出去。

That which does not kill us makes us stronger.

Friedrich Wilhelm Nietzsche

但凡杀不了你的，都会使你更强大。

——弗里德里希·威廉·尼采

✦ 脆弱 ✦
那些杀不死你的，终将使你变得更强大

  这个句子来自大家非常熟悉的德国著名哲学家弗里德里希·威廉·尼采（Friedrich Wilhelm Nietzsche）。我上大学的时候，尼采、叔本华等哲学家可以说风靡一时，我们那代大学生几乎都读过他们的著作。我读过尼采的四部著作——《悲剧的诞生》《查拉图斯特拉如是说》《偶像的黄昏》《权力意志》，只是具体讲了什么内容，因为年代久远已经有点忘掉了。

  尼采的哲学思想对我们产生过很大的影响。他的哲学观点主要有三个：第一是权力意志。他认为人只要能成为精神上的强者，就能实现自己的价值。人是一种精神性的动物，精神强就是一切强。第二是超人哲学。他认为超人具有大地、海洋、闪电那样的气势和风格，超出于平常人之上。超人哲学和权力意志都对希特勒产生过比较大的影响。第三是酒神精神。所谓酒神精神是痛苦与狂欢交织在一起的精神。既要肯定生命，又排斥生命。这一点也与尼采本人很像，他既有冷静的哲学思考，又有疯狂的精神追求。

  尼采从小生活就比较孤单，家庭氛围也比较沉闷。随着年龄的增长，他的哲学思考越来越深刻，但是精神越来越糟糕。到最后尼采自己也成了精神病人，住进了精神病院。1900年，56岁的尼采去世。尽管活得不算太长，但是他的哲学思想到今天依然对很多人有重大影响。而且尼采的哲学都是以格言警句的方式表达出来的，所以他又留下了

很多被大家不断传颂的名句。我们选的这一句，就是很有名的。

我想这句话大家也是非常熟悉了，人类本身就是脆弱的，在脆弱中不断变得强大。借助科技的力量，以及人类的智慧和创造，人类整体变得越来越强大。但是对任何个体来说，其实从来没有变得更加强大，我们依然是非常脆弱的。我们的精神和肉体都很脆弱，肉体随时随地都有可能被消灭，而精神也有可能被毁灭。

我们可以看到，现代社会患精神病的人越来越多，身体虚弱的人也并没有减少。在这样的过程中，一个人能够做到的，就是让自己从内到外都变得强大，让自己的身体和精神变得强大，不至于那么容易被摧毁。所以当我们能够自强的时候，那些杀不死我们的东西就会让我们变得更加强大。我常常有个比喻，就像一个拳击手在拳击场上不断地打打打，从一个虚弱的新手到把自己打成一个强壮的拳击手，到最后再也没有人能一拳把他打倒。人生大概就是这么一个过程，在不断经历苦难、失望、挫折、悲伤的过程中，我们的心灵变得越来越强大，所以我想尼采这句话大概背后包含的就是这个意思。

除了这句话，尼采还有很多脍炙人口的话语。我再来分享一句："A day without dancing is a betrayal of life."。betrayal 就是"背叛"。每一个不曾起舞的日子，都是对生命的辜负，对生命的背叛。这是说生命就是为了来起舞的，很像我们刚才讲到的酒神精神，生命就要突破自己，让自己舞动起来，突破自己的极限。如果哪一天过得非常平庸，那就是对生命的背叛，因为一生就是由一个个日子组成的。

我们再来看另外一句我也比较喜欢的话："I feel sorry not because you cheated me, but I couldn't trust you anymore."。这句话的意思是：我感到难过不是因为你欺骗了我，而是因为我再也不能信任你了。人与人之间就是在互相的信任和欺骗中一路走过来的，我们生命中碰到的人，有人欺骗我们，我们有的时候也会去欺骗别人。同样，我们信任别人，也有人信任我们。有的时候我们信任，有的时候我们被欺骗，被欺骗后我们往往再也不能信任。这句话的核心意思就是，其实你被骗是很正常的，但是被骗以后最重大的后果就是你再也不能信任别人了。所以我们常常说欺骗只有一次机会，永远不可能有第二次，因为当你知道那个人骗了你时，哪怕是再小的欺骗，你也会把对他的信任大大地打折扣。

这些都是著名的经典语句。读尼采这些语句和他的经典著作，会让人感到一种激励、一种冲动、一种思考和一种哲学沉思。

There is only one heroism in the world:
to see the world as it is and to love it.

Romain Rolland

生活中只有一种英雄主义，那就是在认清生活真相之后依然热爱生活。

——罗曼·罗兰

✦ 矛盾 ✦
认清生活真相后，依然热爱生活

我相信大家听到这句话心灵都会为之一动，因为一个人认清生活真相之后依然热爱生活，这件事情是特别不容易做到的。但是一旦做到，这个人就是看清了人生，并且对人生和生活依然充满信心。这样的人是值得崇拜和羡慕的。

这句话其实道尽了一个非常深刻的道理：我们其实很容易对生活、家庭、周围的朋友，甚至对国家、政府、制度、法律丧失信心。为什么呢？因为我们往往觉得自己会受到伤害。

其实，我们也常常会发现一个自相矛盾的现象，就是跟你越亲近的人越能伤害你，越是你所热爱的这个国家有时候也越容易伤害你。我们热爱祖国，就常常觉得她在很多方面不完美。美国离我们好远，它完美不完美，似乎跟我们的日常生活没有任何关系。我们要热爱我们的家人、我们的孩子，但是我们稍微想一下，是不是这些人既给了我们温暖与爱，我们又从他们身上得到了最多的伤害？这是一个矛盾，美好必然伴随着痛苦，或者说光明必然伴随着黑暗而来。

你经受了痛苦的黑暗以后，依然能够觉得这个世界其实值得你留恋，有很多美好留在你心间。这个时候，我们可以把你看成拥有英雄主义色彩的人，这就是罗曼·罗兰讲的这句话所表达的意思。

这句话是在罗曼·罗兰写的三大名人传记之一《米开朗琪罗传》序言中的一句话，我读了以后，真的为之振奋。罗曼·罗兰是法国著名的文学家，他写过《约翰·克利斯朵夫》这么优秀的小说。我读这本小说的时候还是大二，一翻开就爱不释手，没几天就读完了整本小说。1915年，罗曼·罗兰获得了诺贝尔文学奖。罗曼·罗兰用自己的一生践行了他自己所说的这句话。他生活中、工作中、写作中也受到了很多不公正的对待，但他在为人类的权利和反法西斯的斗争中坚守一生，所以人们把他叫作"欧洲的良心"。

我自己对这句话也是深有体会。因为在我的人生经历中，受到的苦难、遭遇的困境远远比我遇到的顺利的事情要多。我经受过朋友的背叛，经受了很多打击，但是最终我依然相信这个世界是美好的。在这个美好的世界中，只要你不断地奋斗，把你自己心中的美好赠予别人，也把别人心中的美好给唤醒，大家共同为了更加美好的生活而奋斗，那就是一个更加美好的世界。

用罗曼·罗兰这句话来跟大家共勉，希望大家在认清了生活的真相之后，依然能够热爱生活。

日拱一卒

语句解析

as it is：按照它本来的样子。意思是看到世界本来的模样，不是表面上的繁华，不是表面上的你好我好，而是实际上看到了它的丑陋和丑恶，看到了人世间的尔虞我诈，看到了人与人之间的这种自私和互相争斗。但是即使你看到这样的世界，the world as it is，你依然还热爱这个世界，to love it，那么这就是真正的英雄主义，the heroism。

老俞书单

1. 《了不起的盖茨比》

2. 《人间喜剧》

3. 《高老头》

4. 《欧也妮·葛朗台》

5. 《悲惨世界》

6. 《第二十二条军规》

7. 《纯粹理性批判》

8. 《实践理性批判》

9. 《判断力批判》

10. 《追风筝的人》

11. 《自由》

12. 《悲剧的诞生》

13. 《查拉图斯特拉如是说》

14. 《偶像的黄昏》

15. 《权力意志》

16. 《米开朗琪罗传》

17. 《约翰·克利斯朵夫》

老俞影单

1.《摩登时代》

2.《大独裁者》

6 PART | 泱泱华夏,一撇一捺皆是脊梁

The mark of an immature man is that
he wants to die nobly for a cause,
while the mark of the mature man
is that he wants to live humbly for one.

J. D. Salinger, The Catcher in the Rye

一个不成熟的理想主义者会为理想悲壮地死去,而一个成熟的理想主义者则愿意为理想苟且地活着。

——J. D. 塞林格,《麦田里的守望者》

✦ 信念 ✦
为理想事业苟且地活着

现在要给大家分享的这句话来自 J. D. 塞林格（J. D. Salinger）的《麦田里的守望者》。塞林格是美国著名作家，出生于 1919 年，去世于 2010 年，是一位长寿的作家，活到 91 岁。其实他一辈子最著名的小说也就是这一本，写的是一个 16 岁的少年，在纽约流浪，看到各种现象，最后心灵受到震撼并改变的故事。

这个句子包含了两个含义：第一层意思是有的理想主义者因为不成熟，只会悲壮地为了事业牺牲自己，但是成熟的人会忍辱负重，直到理想实现。这两种人是不是第一种会被贬斥，第二种会被褒奖呢？我认为不全是。重要的是，一个人对自己的事业和理想到底是什么态度。因为有的时候我们为了自己的事业、理想，为了自己内心的信念，是不得不去死的。比如《红岩》中的江姐，她不得不牺牲自己，否则就会变成叛徒。中国历史上还有一个著名人物叫文天祥，写过一首诗，大家都非常熟悉，其中一句是"人生自古谁无死，留取丹心照汗青"。文天祥被蒙古人抓住以后，知道自己不可能再逃出去，不可能再继续为恢复大宋而奋斗，所以他决心以死来谢天下，实际上就是 to die nobly for a cause（为理想悲壮地死去）。所以很难说这样为了理想去死就是不成熟的表现。

同时这句话的另外一层意思，我还是非常认同的。当你的未来有一个伟大的事业，现在受到了一些侮辱的时候，因为这些就去死，放弃事业，这自然不是一个比较好的行为。所以在中国有个成语叫作"忍辱负重"，就是你为了未来某个目标或者理想忍受屈辱地活着，但是内心依然燃烧着追求理想的火焰。中国古代大儒孟子也曾经说过："天将降大任于斯人也，必先苦其心志，劳其筋骨，饿其体肤，空乏其身，行拂乱其所为，所以动心忍性，曾益其所不能。"这句话的意思，我想大家都明白。一个人想要担当大任，就必须要受苦，受苦以后才能"动心忍性"，才能"曾益其所不能"，你的能力才会增加，你处世才会成熟，和上面这句话是同样的意思。

中国历史上也有几位著名的人物，忍辱负重最后成就大业。比如司马迁，被汉武帝施加宫刑以后并没有因为受了侮辱就自杀了事，而是忍辱负重写出了中国历史上最伟大的历史著作之一《史记》。再比如越王勾践，在被吴王夫差抓起来以后，也是忍辱负重、卧薪尝胆，最后"三千越甲可吞吴"。

总体来说，一个人为了自己的理想忍辱负重是一种更加伟大的行为。但当发现这种理想已经不可能通过忍辱负重去实现，只有以死谢天下，杀身成仁才能保全自己的气节、保全自己的理想时，那么 die nobly for a cause，对于英雄来说也是很正常的选择。

日拱一卒

语句解析

mature 和 immature：mature，成熟。immature，是 mature 加上 im- 的前缀，表示"不成熟"。

nobly：来自形容词 noble。noble people 表示高贵的人。nobly 是 noble 的副词，表示高贵地。

cause：大家只要记住 because 就行，cause 就是它的后半部分，作为名词用，指原因，在本句中是事业或者理想的意思。

humbly：来自形容词 humble，表示卑贱的、低下的、谦虚的，humbly 是副词。

Try to make the world a better place. Look inside yourself and recognize that change starts with you.

Zootopia

试着让我们的世界变得更加美好。试着观察自己的内心,你要认识到,改变是从你自身开始的。

——《疯狂动物城》

✦ 改变 ✦
"改变"二字写在每一代年轻人的基因里

这句话来自一部迪士尼的动画片《疯狂动物城》(*Zootopia*)。

《疯狂动物城》讲了一只小兔子朱迪(Judy)的故事。这只小兔子一直想当警官,但是由于身材矮小,即使进入警官学校也遭受各种欺负,最后她在自己的努力和奋斗下终于完成了儿时的梦想。她在执勤的过程中发现了一个大案,遇到了原来坑蒙拐骗的狐狸尼克(Nick),最后和尼克交往以后两人开始合作,阻止了影片中另外一个角色——非常邪恶的羊市长的阴谋,维护了动物城的和平共处和安宁。这是一个典型的美国故事,小人物能够做出大事来,是美国精神的最大的特点之一。小兔子一路成长的过程给人很多启示。其中的各种动物,从狮子到兔子,再到各种其他小动物,各得其所地在动物城生活,这象征着不同个性的人在世界上都有和谐相处、友好并存的空间。这是一部非常好玩又很有意义的动画片。

我们选的这句话是兔子警官朱迪在动物城的表彰大会上说的。这句话最核心的内容是 change starts with you(改变是从你自身开始的)。大家可能还记得,奥巴马竞选总统能够获得胜利,最重要的一个词就是 change,就是要对美国进行改变。

对一个人来说也是一样的,change starts with you,我们的一切改变只有从自身改变做起。在同一个演讲中,结尾还有另外一句话是这么说的:"No matter what type of animal you are, change starts with you."。还是 change starts with you。

我们都希望在一个美好的世界上生活，但是常常有一个被动的想法，就是去寻找一个已经更好的世界去生活，我想这也是很多人移民到国外的动机。但是在这个国家，这片属于我们的土地，几千年来我们的祖祖辈辈都生活在这里，我们不能因为这块土地上还有一些不完美的地方，就放弃它。更加重要的是，我们每一个中国人都应该意识到，把这个国家变好是我们的责任。不要说我们小小的力量做不到改变，change starts with you，改变从你自身开始。如果我们每一个中国人都愿意为国家变好付出一份努力，那么我相信这个国家一定会变得越来越好。

同时，change starts with you，也是就个人的成功而言。我们有时候很被动，有时候会有负能量，有的时候觉得世界或者说自己的前途毫无希望，但是实际上真正的改变来自我们自己思想意识的改变。改变你的思维，改变你的人生态度，坚定地相信你自己的每一点改变都能让人生变得更好。如果你一直以积极乐观的态度，以解决问题、克服困难的态度去面对你的世界，愿意付出努力，那么这个世界就真的会越来越好。

我个人就是这样的感觉，从一个农民的儿子奋斗到今天，尽管还有很多不完美，但是我觉得至少我的很多理想、很多愿望都在不断地通过自己的努力实现。而其中唯一的改变就是我相信奋斗能够成就我的人生。所以请大家记住，change starts with you。

日拱一卒

语句解析

look inside:反省、内省。look inside yourself 就是自己反省,或者彻底检验自己的思想。look inside something,调研;look inside the event 就是调研这件事情内在到底有什么问题。

recognize:是"意识到、认识到"的意思。见过面后,再次见时认出来了,是 recognize。I recognize you,我认识你。这句话里 recognize 是指自我意识,你要意识到 change starts with you,这里 change 作名词用。

Try not to become a man of success,
but rather try to become a man of value.

Albert Einstein

不要尝试去做一个成功的人，
而是做一个有价值的人。

——阿尔伯特·爱因斯坦

✦ 价值 ✦
能创造价值的人才是成功的人

这句话非常典型地反映了爱因斯坦的价值观。他认为人生在世一定要变成一个有价值的人。什么叫有价值的人呢？在我看来，有价值的人，就是为社会的进步发展、为人类的幸福做出贡献的人。

毫无疑问，爱因斯坦一生刚好是"有价值的人"的写照。爱因斯坦是20世纪最伟大的科学家之一。他提出过光子假设，成功解释了光电效应，还创立了狭义相对论和广义相对论等很多科学理论，获得了诺贝尔物理学奖。他是继伽利略和牛顿之后，对物理学发展贡献最大的物理学家。他对物理学和其他学科领域的贡献，对人类的进步发展，以及今天人类达到物质丰富、生活相对幸福的状态，都做出了重大的贡献。

我们可以说爱因斯坦是一个非常成功的人。他的成功不是来自他有多少钱，当然由于他在很多方面都很成功，他在经济上其实是从来没有困顿过的。大家应该听过一个故事。爱因斯坦曾经在读书的时候，把一百美元当作书签夹在书里，那个时代一百美元可能相当于现在一千多美元。他还曾经被邀请去当以色列的总统，但他拒绝了。我们可以看到，爱因斯坦心目中的成功，不是金钱上的成功，也不是名声或者社会地位上的成功。其实在他心目中他的成功是一个"有价值的人"的成功。实际上他把做有价值的人和做一个成功的人，融为一体了。

对于一般人来说，我们通常想的成功是财富、名声和社会地位上的成功。当然，如果一个人能做到这三方面都能成功，只要做的不是伤天害理的事情，我觉得也算是一种成功，尽管这样的成功相对来说比较狭隘。如果能用财富、名声和社会地位的成功去做更多有价值的事情，做推动社会进步的事情，做帮助别人的事情，做让世界变得更和平、更平等、更光明的事情，这样的人才叫真正成功的人。

我们并不一定非要标榜自己是一个只追求精神成功的人，人也需要满足一定物质需求。但是确实一个人一生应该把精神上和物质上的丰富性平衡起来。如果两者非要取其一的话，我觉得人应该更加偏向于精神上的丰富性，因为它毕竟给人带来更加充实的心灵和更加平静的生活方式。一心一意追求物质成功的人，往往永远不能满足。那种不能满足的状态，往往会让人感到身心不宁。

爱因斯坦在各方面都是我们学习的榜样。他不光注重自身价值的发展、对社会贡献的力度，而且更加重要的是，他还是一个非常有人性的人，一个非常幽默风趣的人。大家可能也听过他另外一个故事：因为听他演讲太多了，所以他的司机都能把他的演讲词背出来。于是，爱因斯坦就让他的司机上去演讲，他的司机也很幽默，讲完以后下面的人提问题，司机回答不出，就说下面让我的司机来回答问题。这大概是编出来的故事，但是也反映了爱因斯坦的幽默和放松。

爱因斯坦还是一个非常好的小提琴手，拉得一手好琴，他对哲学也有比较深刻的研究，对运动也比较热衷。总而言之，一个人其实是多面性的，他活得认真，对社会有贡献，活得有人性，轻松自在。我觉得爱因斯坦基本上算是一个有价值的成功人士的写照，值得我们学习。

日拱一卒

语句解析

not...but rather...：不是……而是……

For attractive lips, speak words of kindness. For lovely eyes, seek out the good in people. For a slim figure, share your food with the hungry.

Audrey Hepburn

若要优美的嘴唇,要说友善的话;
若要可爱的眼睛,要看到别人的好处;
若要苗条的身材,把你的食物分给饥饿的人。

——奥黛丽·赫本

◆ 奉献 ◆
助人，就是最好的助己

奥黛丽·赫本是我最喜欢的电影明星。同时她不只是一个电影明星，她还热心于慈善事业，是联合国儿童基金会亲善大使，联合国在纽约总部为她竖立了一尊七英尺高的铜像，命名为"The Spirit of Audrey"，就是"奥黛丽精神"，以表彰她为儿童慈善事业做出的贡献。她是把智慧和美丽集于一身，高贵和优雅融于一体的优秀女性。她出演的电影《罗马假日》《窈窕淑女》我相信大家都看过，这些影视作品都表达了特别美好的东西。

毫无疑问，我们如果抓住了人生中的一些关键的要点，生命就会变得更好。比如，我们常常说一个人要努力奋斗，尽管奋斗的人并不必然成功，但奋斗算是人获得自己生命精彩的要素之一。生命精彩的另外一个要素，就是帮助别人。

很多人常常会强调自我，以个人为中心，同时从人的本性上来说，通常好的东西都会留给自己。但是人又偏偏是社会性的动物，这就意味着我们如果离开了其他人的帮助，就会活得非常没有质量。从商业上来说，一支铅笔的制造，后面动用了很多人、伐木工人、制造铅笔芯的人、把铅笔合成的人、制造铅笔上橡皮的人等，这些都需要无数工种分工合作，才能造出一支铅笔。

更加重要的是，我们日常生活中人与人之间的互相接触、互相帮助，使我们的生活质量不断提高。在一个群体中生存，提高自己的生活质量，有一个非常重要但又简单的道理，那就是如果你愿意全心全意帮助这个群体的人，这个群体的人就会反过来对你好，并且愿意给予你帮助。

我们常常想是不是先等别人来帮助我，我再去帮助别人。恰恰是这样被动的想法会导致我们的生命处于被动境地，而不能主动发光发热。其实最正确的做法是主动去帮助那些需要帮助的人，通过帮助那些人来获得自己生命的丰富性。同时那些人因为得到了帮助，生活得更好，反过来在你需要帮助的时候，他们也能帮助你。

奥黛丽·赫本去非洲帮助贫困地区的人，虽然这些人无法直接帮助奥黛丽·赫本，但这让赫本得到了生命的丰富和满足，以及自我的净化和提升。这样的回报已经是非常好的了，这也是奥黛丽·赫本晚年投身慈善事业的重要原因。

世界著名的女性中还有一位特蕾莎修女，她毕生把自己献身于印度，帮助濒临死亡的穷人，因此得到了全世界人民的认可和尊敬。

中国有一句古语叫"己所不欲，勿施于人"，如果是你自己都不想要的事情，就不要勉强施加于别人。还有一句话叫作"君子贵人贱己，先人而后己"，意思是如果你是个君子的话，应该先看重别人，放低自己，通常要先帮助别人把事情做好，再来帮助自己。这句话是在告诉我们，人不能太自私，自私的话你先想自己不想别人，别人也会把你当成路人，你就不会得到很好的结果。北宋著名的文学家范仲淹的《岳阳楼记》中有一句话，"先天下之忧而忧，后天下之乐而乐"，表达的也是要有家国情怀，让整个民族生存的地方变得更加美好，我们才能得到快乐。

日拱一卒

语句解析

seek out:通过寻求找到、发现。
slim:苗条的、瘦的。slim figure,苗条的身材。

I don't know how I'm gonna live with myself if
I don't stay true with what I believe.

Hacksaw Ridge

如果我不坚守自己的信仰，
我就不知道该如何活下去。

——《血战钢锯岭》

·信仰·
那些触达灵魂的信仰，都闪耀着人性的光辉

这个句子来自大家都比较熟悉的一部电影，叫作 *Hacksaw Ridge*，中文名是《血战钢锯岭》。这句话是电影中的主角戴斯蒙德·道斯（Desmond Doss）所说的。

这部电影改编自第二次世界大战时期美国医疗兵戴斯蒙德·道斯的真实经历，他在美日冲绳之战中不带任何武器，赤手空拳救下了75名受伤的战友。后来美国总统杜鲁门授予了戴斯蒙德·道斯美军的最高勋章"荣誉勋章"（Medal of Honor）。道斯是得到勋章的464人中唯一没杀死过任何敌人的人。

他为什么这么做，为什么不杀人？并不是因为他是个医疗兵，而是因为他的信仰。道斯的信仰主要缘于他是虔诚的基督教徒。大家都知道基督教义倡导仁爱，拯救世人。信仰达到极致的时候，教徒眼里的敌人就变成了朋友，朋友更是朋友。所以他并没有想要到战场上去打仗，他到战场上是要去救伤兵，因为他对美国也是一腔热血。不拿武器，光去救人，在你死我活的战场上怎么做得到呢？确实不容易做到。但道斯他坚决要这么做，也报名上战场。他由于不拿武器，受到了战友们的排挤，并且还被送上了军事法庭。但不管怎样，后来他还是上了战场。

整部电影就是讲在冲绳之战的钢锯岭战役中，道斯凭一己之力救下了75个受伤的战友的故事。电影非常动人，这部电影开始播放的时

候，我刚好在冲绳岛，我问冲绳人知不知道钢锯岭，结果大部分人都不知道。当时冲绳之战是"二战"中美国和日本打得最惨烈的战役之一，也是美军最艰难的战役之一。美军在冲绳之战中伤亡了7万余人，日军也差不多伤亡了8万人。更加要命的是，岛上的居民也被卷入了战争，最后死亡了14万人。所以加起来接近30万人在冲绳之战中伤亡。其中钢锯岭之战是冲绳之战中最惨烈的一战。讲到这里，大家就明白为什么冲绳之战之后不久，美国就把原子弹扔到日本。因为美国当时的想法是，如果不扔原子弹的话，一个一个岛打过去，美军不知道还要死多少人，老百姓也不知道会死多少人，日本军人也不知道会死多少人。所以想来想去扔两个原子弹，把日本人给威慑一下，让他们投降，这可能是最节约，也是最不容易伤害更多人的一个行为。当然实际上扔原子弹这件事情给日本两座城市的民众造成了很大伤亡，也给日本人造成了巨大的心理障碍。我们也都知道，原子弹战争一旦爆发的话，波及的人群就会死无葬身之地。也因为如此，第二次世界大战后，联合国采取机制约束各国对核武器的使用。

讲了背景以后，大家就明白道斯为什么要说这句话，为什么他说如果我不坚守自己的信仰，我就不知道该如何活下去。因为作为一个坚信基督教的人，他坚信仁爱，坚信使命是拯救世人，所以他绝对不能去杀人，这才有了这句话。除了这句话以外，电影中还有两句话，也值得大家一学。

比如这一句："While everybody else is taking life, I'm gonna be saving it. That's gonna be my way to serve."。这里的 serve 指到部队去服役，take life 就是夺去生命。所以这句话的意思是尽管每个人都在杀人，但是我要去救人，那是我在军队里服役的方式。这还是跟他前面的信仰一致。世界上总有这样的人坚守信仰，让人无比佩服。

还有一句话也可以学一下："With the world so set on tearing itself apart, it doesn't seem like such a bad thing to me to want to put a little bit of it back together."。set on doing something，就是不可回头地在做什么事情。I set on taking the examination，意思是我一头扎进了我的考试中。整句话的意思是：当整个世界分崩离析，我想要把它补回来一点点也不是一件坏事。这句话表明要尽自己的一点力量，不要因善小而不为。

这三句话都是道斯说的。我们可以看出来，其实他一贯地坚守了仁慈、拯救人的生命以及拯救世界的信仰。信仰因为坚守而伟大，所以道斯的形象在电影中显得很伟大，在美国人心目中，他自始至终都是很伟大的人。

日拱一卒

语句解析

gonna：口语中是 going to 的意思。所以原句意思就是，I don't know how I'm going to live with myself，我不知道该如何活下去。

In times of crisis, the wise build bridges,
while the foolish build barriers.

Black Panther

在危机之时,智者建起桥梁而愚者建起高墙。

——《黑豹》

✦ 开放 ✦
聪明的人会建桥，愚蠢的人设障碍

  这句话选自 2018 年的美国电影《黑豹》(*Black Panther*)。

  这是漫威影业公司的一部超级英雄电影。电影主要讲述的是黑豹特查拉（T'Challa）的故事。他的父亲在一次恶意爆炸中不幸去世，他从美国回到了瓦坎达去接任国王。瓦坎达是一个虚构的非洲国家，这个国家表面上是一个非常贫穷的国家，但实际上这个国家有一种非常稀有的金属叫作振金。这种金属能够制造各种先进的武器，达到了世界最先进的水平，同时这个国家也拥有让人眼红的财富。

  他去接任国王以后，他的堂弟艾瑞克来和他争夺王位。当初他的叔叔要把振金拿到外面，特查拉的父亲把弟弟给杀死了，所以艾瑞克就跑回来报仇。最后在两人互相的斗争中，特查拉取得了胜利。在去世的一刻，艾瑞克也意识到了自己的行为不当，最后有尊严地离开人世。

  这是一部非常美国化的电影，中间充满了正义与邪恶的斗争、互相之间的仇恨和打斗，最后正义一方取得胜利。这部电影最重要的是其表达的一种从封闭到开放的心态。瓦坎达这个国家，拥有世界最好的金属科技，原来一直是封闭的，不愿意透露给外界。最后转变观念，国家觉得这样的好东西就应该为全世界人民所用。

  在电影的最后有一段演讲，有一句话是这么说的："In times of crisis, the wise build bridges, while the foolish build barriers, we must find a way to look after each other, as if we are one single tribe."。意思是：我们应该互相照看，就像我们是一家人一样。整部电影表达的是要把优秀的东西展现出来，为全人类所用，让全人类一起共同发展，为所有人的幸福和富有做出贡献。

对于中国改革开放过去的 40 多年来说，恰恰可以用到这句话。中国改革开放 40 多年，从无到有，从"文化大革命"后的一片乱象，到现在中国取得了全球第二大经济体的位置。可以用一句话来总结，就是 the wise build bridges（智者建起桥梁）。在这几十年中，中国一直建立和世界进行连接的桥梁，有经济桥梁、文化桥梁、教育桥梁等，也正是在这样的连接过程中，中国不断变得更加富有，而全世界跟中国的纽带变得也越来越紧密。向未来看过去，也只有这样的纽带，才能让我们的世界变得更加和平、安宁和进步。

后面一句是 the foolish build barriers（愚者建起高墙）。比如说美国发动贸易战，在一定程度上它是在 build barriers。如果抱着 build barriers 的心态，它就是愚者，比如特朗普要建美墨边境的高墙，要把所有的工厂搬回美国，感觉好像美国一个国家就能把所有的事情完成。不过，特朗普终于也意识到了，其实美国再强大也不可能独立完成所有经济体的事情，因为这个世界现在是 closely connected with each other，是非常紧密地联系在一起的。所以美国终于意识到了跟中国贸易谈判的重要性，开展了一次又一次跟中国的贸易谈判，两个强大的国家取一个中间地带，继续为世界进步做贡献。

所以这句话刚好可以用在我们现实的世界中，在个人身上也是一样的。一个有开放心态的人，愿意接受别人的帮助，并且愿意去帮助别人，一定能够生活得更好，也更容易成功。而一个时时处处防范别人的人，不管好事坏事都不愿意跟人去合作的人，很容易就陷入孤独的境界，最后会有更多的苦恼和失败。

日拱一卒

语句解析

crisis：危机。

in times of：在……的时刻。time 加复数表示不同时刻，in times of crisis, 在危机时刻。

barrier：指建成的高墙、竖起的篱笆、设置的路障等。barrier 的同义词是 obstacle，障碍。

A world where men ran half our homes and women ran half our institutions would be just a much better world.

Sheryl Sandberg

一个由男性和女性平均分担家庭与社会责任的世界一定会是一个更美好的世界。

——雪莉·桑德伯格

· 责任 ·
日月同辉，世界才能更精彩

这句话来自美国著名的女企业家雪莉·桑德伯格（Sheryl Sandberg）。

雪莉·桑德伯格 2008 年加入 Facebook，跟马克·扎克伯格一起把脸书（Facebook）的营收增长了 64 倍，并且成功地和马克·扎克伯格一起把 Facebook 做到上市。她是一位非常独立的了不起的女性，毕业于哈佛大学，在读书时就是哈佛的女学霸。她毕业后曾经在麦肯锡咨询公司当过管理顾问，在克林顿的财政办公室当过主任，到谷歌（Google）做过全球在线销售和运营副总裁，后来是 Facebook 的 CEO，也是 Facebook 董事会的第一位女性成员。她同时也被《福布斯》评为最具影响力的商界女性之一，就是"Fifty Most Powerful Women in Business"，总而言之她是一位非常厉害的女性。

我们选的这句话是她在著名的巴纳德学院（Barnard College）毕业演讲时讲的话。

这句话我觉得其实很好理解。男人应该通过介入家庭生活、家庭事务来理解家庭责任。同时，女人也应该去参与政治和社会管理。或者从另外角度理解，如果男人家庭事务参与得太少，不理解家庭，也就没法管好世界；而女人，恰恰由于女性的特征，既然能够把家管好，那么把政治管好也并不是一件难事。实际上它背后讲的是角色互换。

这句话给我带来的感悟是比较深的。因为我觉得，一个男人如果完全不管家庭，尤其是不去理解家务的琐碎，不理解女人的奉献，那么他给女性的爱和尊敬就会相对少。而一个不理解家庭如何能够变得更加温馨完整的男人，他在从事政治、管理社会的时候，也一定会有某种缺陷。有些男人在政治管理或公司管理方面比较好胜，只关注自己的感受。这种情况其实是因为他没有了解到，家庭需要妥协忍让，需要贡献自己的力量，并且要管理好自己的情绪才能让家庭变得更好。

反过来，有些女性对男人的事务也有很多的不理解。如果女性参与政治和社会活动，当然现在已经有大量的女性参与进来，比如雪莉·桑德伯格就是其中的一个，那么女性也就更加能够了解男性在社会上拼搏的不容易，也就意味着会对男人的缺点或者说鲁莽多一点耐心。从另外一个角度说，有女性参与的政治和社会，一定会更加柔和，更加温情，更加符合人性，世界上的战争、争夺和冲突，也许就会减少一点。

在我看来，一个男人和一个女人互相理解、互相参与家庭生活和社会事务，一定会使互相之间的理解更加深刻，那么这个世界有可能就会变得更好，就会变成 a much better world（一个更美好的世界）。不管家庭还是社会，都需要男女共同努力和奋斗，互相理解和谅解，才能让这个世界变得更好，让我们一起共同努力。

The sidelines are not where you want to live your life. The world needs you in the arena. There are problems that need to be solved. Injustices that need to be ended. People that are still being persecuted. Diseases still in need of cure. No matter what you do next, the world needs your energy, your passion, your impatience with progress.

Tim Cook

旁观不是你们想要的生活。世界的舞台需要你们。那些亟待解决的问题，那些等待你们去伸张的公平正义，那些还在受压迫的人，那些还没有办法治愈的疾病……不管未来你们要做什么，这个世界需要你们的能量、热情和不安分的进取心。

——蒂姆·库克

✦ 热情 ✦
少年兴则国兴，少年强则国强

这句话来自现在苹果公司的 CEO 蒂姆·库克（Tim Cook）。库克大家都比较熟悉，他继乔布斯之后接任苹果的 CEO。现在我们很多人在用苹果手机，尽管在大家心目中乔布斯是像神一样的存在，但其实乔布斯在世的时候，库克就当了很长时间的 COO，所以乔布斯去世以后，库克自然变成了 CEO，并且平稳地实现了苹果的过渡和发展。尽管从创新的角度来说，现在苹果的产品和原来乔布斯时期相比，没有真正特别出彩的地方，但是库克领导的苹果依然维持了高股价和它在全世界人民心目中的喜爱度。

大家还知道库克的性取向，他公开承认自己就是同性恋。因为承认性取向，他也受到了很多不公平的待遇，所以对公正的追求就成了他内心的重要思想。这句话来自他 2015 年在美国乔治·华盛顿大学（George Washington University）毕业典礼上的演讲。演讲主题也很有意思，主题是 "Someone Has to Change the World — It Might As Well Be You（总会有人要改变世界，这个人也有可能是你）"。

他在演讲中，通过自身经历，鼓励学生们勇敢地走到世界舞台的中央，用自己的能量，用自己的热情，用自己对成功的渴望，去改变世界，去追求一个更美好的世界。

这句话其实表达了蒂姆·库克自身的价值观和价值体系。他本身就是一位特别愿意投身于追求公平公正的事业中的人。他秉承了乔布斯的精神，不断带领苹果公司进入下一个发展阶段。他自己其实是普通老百姓出身，上的第一个大学叫奥本大学（Auburn University），我估计大部分人都没听说过，它是美国一个相对普通的大学。后来他才在杜克大学获得企业管理硕士学位。但是他努力坚持，坚持自己的事业，1998年应乔布斯的邀请加入了苹果公司，先是主管电脑业务，后来成为COO，再后来成为CEO，一路成长起来。

2018年3月，我曾经在北京钓鱼台国宾馆听过库克的现场演讲。我觉得他是一个举止文质彬彬、说话有礼貌、思想非常敏锐的人。大家都知道这样的人大多有一个特点，外表是平静的，内心是狂野的，或者说内心是火热的。也只有内心火热的人才能追求到真正火热的生活，让自己的生命燃烧起来。

日拱一卒
语句解析

sidelines：本指球场的边线，边线之外表示看客，因此表示旁观者。
arena：竞争的中心，竞争的舞台。
injustice：不公正、不公平的事情。justice，公正、公平。
persecute：被迫害、被压迫，被不公正地对待。
impatience：不耐烦的，这里指不安分或者急于去做成某事。impatience with progress，指急于进步的心态。

He is immortal, not because he alone among creatures has an inexhaustible voice, but because he has a soul, a spirit capable of compassion and sacrifice and endurance.

William Faulkner

人之不朽不是因为在动物中唯独他能留下永不枯竭的声音，而是因为他有灵魂，有同情心、牺牲精神和忍耐力。

——威廉·福克纳

✦ 荣耀 ✦
人之不朽，在于同情心、牺牲精神与忍耐力

这句话来自美国著名小说家威廉·福克纳（William Faulkner）。威廉·福克纳是美国文学史上最有影响力的作家之一，一辈子写了 19 部长篇小说、100 多篇短篇小说。他在 1949 年获得诺贝尔文学奖，获奖的主要原因是"他对当代美国小说做出了强有力的和艺术上无与伦比的贡献"。威廉·福克纳在颁奖典礼上的演讲是历史上最著名的演讲之一，他的演说中饱含着对人类的爱与希望。他说道："我相信人类不仅能传宗接代，而且能战胜一切，永存下去。"他认为诗人和作家不光要记录人类的日常生活，更要鼓励人类的斗志，让人们能够记住他们曾经拥有的勇气、荣耀、希望等，并且帮助人类在生存中战胜平庸，最终获得胜利。

在福克纳看来，人类拥有了这三种东西——人类的同情心、人类的牺牲精神以及人类的忍耐力，才能叫作人。人的精神和灵魂结合在一起，构成了一个完整的人。为什么福克纳认为这三个东西很重要？因为他认为只有这三个东西才是真正超越动物性的。比如人的欲望不可能超越动物性，人的生理需求也不可能超越动物性，人会说话其实也离动物性不远，因为动物也会嚎叫，也会鸣叫。但是一个人拥有同情心，意味着人类可以团结在一起；一个人拥有牺牲精神，意味着为了更美好的事情，为了其他人的幸福，可以牺牲自己，例如家庭成员互相之间是有很大的牺牲精神的；也只有人类在面对艰苦的时候，可

以为了未来更伟大的目标拥有忍耐精神。所以人类拥有的这三种精神力量、三种素质，实际上是人与动物之间的不同。

在这句话以后，福克纳还有一段话，我觉得也可以给大家分享一下，也是很激动人心的："The poets, the writers' duty is to write about these things, it's his privilege to help man endure, lifting his heart, by reminding him of the courage, and honor and hope and compassion and pity and sacrifice which have been the glory of his past. The poets' voice need not merely be the recall of man, it can be one of the props, the pillars to help him endure and prevail."。

这段话翻译如下："诗人和作家的责任就是把这些写出来，诗人和作家的特权就是去鼓舞人的斗志，使人记住过去曾经有过的光荣，人类曾经有过的勇气、荣誉、希望、自尊、同情、怜悯和牺牲精神，以至于人可以达到永恒。诗人的声音不应只是人类的记录，而应是使人类永存并得到胜利的支柱和栋梁。"他把诗人和作家的责任表述得非常清楚，诗人和作家的责任是帮助人类摆脱平庸的生活，走向更崇高的精神境界，以求人类在忍受平庸的、艰苦的生活的同时，让自己的精神实现飞跃。

我们把这段话中的一些词语解释一下。privilege 可以指人的特权，也可以指人最有优势的地方。help man endure，帮助人忍受生活。为什么能够帮他忍受生活，是因为可以 lifting his heart，可以提升人的心灵，让人在艰苦的忍受中也能崇高。by reminding him of the courage，通过提醒生活中的人们，他们拥有的勇气、荣誉、希望、自尊、同情、怜悯和牺牲精神，这是他们一生的荣耀。have been the glory of his past，每个人都会有自己的荣耀，每个人的荣耀中包含上面所有这些伟大的东西，所以他说 the poets' voice，诗人的声音。need not merely be the recall of man，它必须要往上升一层。it can be one of the props，是人的支柱之一，是 pillars，是栋梁，是柱子。to help him endure and prevail，要帮助他们坚韧不拔地生活下去，并且最终取得崇高的胜利。prevail 是指最终获取胜利。

这段话讲完以后，我们就明白了福克纳在表达什么意思。实际上不光是作家、诗人应该这样，我们普通人在生活中也应超越自己的世俗生活。世俗生活是让人痛苦的，是需要忍耐的，但是当我们心中有了精神追求，当我们想要在实际生活中变得更加有勇气、有精神，当我们的生活中充满了荣誉、希望、自尊、同情……我们的生活就超越了自己日常的生活，就能够活得更加有尊严。

日拱一卒

语句解析

not because...but...：不仅仅是因为……而是……
inexhaustible：不可穷尽的、不可消耗完毕的。exhaustible 是可以穷尽的、可以消耗完毕的。

Hold fast to dreams
For if dreams die
Life is a broken-winged bird
That can never fly.
Hold fast to dreams
For when dreams go
Life is a barren field
Frozen only with snow.

Langston Hughes, Dreams

紧紧抓住梦想,
因为一旦梦想消亡,
生活就像折断翅膀的小鸟,
无法自由翱翔。
紧紧抓住梦想,
因为一旦梦想离开,
生活就会变成贫瘠荒芜的土地,
只有冰雪覆盖。

——兰斯顿·休斯,《梦想》

· 情怀 ·
紧紧抓住梦想，有梦就有希望

  这首诗歌来自美国著名黑人诗人兰斯顿·休斯（Langston Hughes）的《梦想》（"Dreams"）。兰斯顿·休斯是在马丁·路德·金之前的一位美国黑人诗人，他的作品专门描述黑人社会底层的生活，并且为黑人的平等自由权利不断呐喊。这首诗很有名，一方面是因为它本身写得很好；另一方面，后来马丁·路德·金有一个演讲叫作"I Have a Dream（《我有一个梦想》）"，其灵感就是来自兰斯顿·休斯的这首诗。

  我个人的感悟，梦想实际上最主要有两种：第一种是个人的梦想。每一个人从出生到死亡，都是在追求自己梦想的路上一路向前的过程。有些人一辈子消沉下去，没有梦想，那么他就只是原地踏步而已。梦想带领我们远行，当我们心中有梦想的时候，不管出国的梦想、深造的梦想、创业的梦想、写作的梦想、流浪的梦想，总而言之，它会引领你的脚步，远离现在平庸的生活，走向未来更精彩的地方！

  第二种梦想，我觉得是民族或者国家的梦想。任何一个国家和民族都会有自己的梦想，美国人有美国人的梦想，叫American dream，我们现在在倡导中国梦，Chinese dream。每个国家的梦想、每个民族的梦想都是不一样的，但是其核心要素一定是人民幸福，国家强大。

  个人梦想和民族梦想到底有什么关系呢？我觉得首先不能因为民族梦想而消灭个人梦想，如果民族梦想要以个人梦想的消灭为代价，为了国家和民族宏大的梦想，民众全都要牺牲自己的梦想，那么我觉得这本身就是不对的。国家和民族的梦想都是为了个人梦想的实现，都是为了个人能够过上更加幸福的生活！所以国家和民族的梦想必须要以实现个人梦想，或者是保护个人梦想为前提的。保护个人梦想的前提就是保护个人权利，保护个人的自由。这样的民族梦想才是值得去实现的。

我想说的是，不管是怎样的梦想，个人的也好，民族的也好，有梦就有希望。一个国家或者是一个民族，要依靠大多数人的共同梦想，来把国家和民族的人民团结在一起，凝聚在一起，奋勇向前。一个人通过个人的梦想，心中留有光明，心中留有希望，在现实中不管碰到怎样的艰难困苦，也都愿意继续努力，耐心等待时机，并且在有机会的时候带着梦想走向远方。

所以不管怎样，个人的梦想和民族的梦想都是伟大的梦想，而且这两个梦想必须互相支撑，才能称其为真正的伟大梦想。

日拱一卒

语句解析

hold fast：fast 不是快的意思，而是指紧紧地。所以 hold fast to dreams 就是紧紧地握住梦想。

broken-winged bird：翅膀折断的小鸟。

barren field：barren 是荒芜的，barren field 就是寸草不生的土地，比如戈壁滩就可以叫 barren field。Life is a barren field，生活就是贫瘠荒芜的土地。

frozen with sth.：被……冻住了。frozen with snow，被冰雪覆盖。

We must accept finite disappointment,
but we must never lose infinite hope.

Martin Luther King, Jr.

我们必须接受失望,因为它是有限的,
但千万不可失去希望,因为它是无穷的。

——马丁·路德·金

· 失望与希望 ·
接受有限的失望，才不会失去无限的希望

这句话选自大家非常熟悉的一个人物马丁·路德·金（Martin Luther King, Jr.）。马丁·路德·金是美国著名的民权运动领袖，一生为谋取黑人平等做出了巨大的贡献。我们之所以对马丁·路德·金这么熟悉，主要是因为他在1963年8月28日做了一场盛大的演讲《我有一个梦想》（"I Have a Dream"）。这个梦想直接迫使美国国会在1964年通过民权法案，宣布种族隔离和种族歧视政策非法。马丁·路德·金在争取人类平等的历史上有着极其重要的地位，他还获得了诺贝尔和平奖。

美国总统罗纳德·里根（Ronald Reagan）签署了法令，规定从1986年起，每年1月的第三个星期一为马丁·路德·金全国纪念日（Martin Luther King, Jr. Day），是一个联邦假日。在美国历史上只有三个人有这样的殊荣：第一个是哥伦布，发现了美洲大陆；第二个是为纪念乔治·华盛顿（George Washington），美国的开国元勋，叫总统纪念日（President's Day）；第三个就是马丁·路德·金。由此可见，马丁·路德·金是一个非常了不起的人。

马丁·路德·金是一个著名的演讲家，他的演讲很多，而且常常是金句频出，有很多格言。我们选了一个大家可能还不太熟悉的句子。

其实这句话跟他原来在《我有一个梦想》中所讲的"从绝望的大山中间砍出一块希望的石头"有点相像。马丁·路德·金演讲中很多

时候会讲到希望，鼓励美国黑人争取平等，这是他的一种精神状态。这句话如果延伸一下就是：任何一个人都会有失望，我们可以心平气和地接受那种失望。但是一定要把失望限制在有限的状态，不能让失望无限扩大，占据我们的整个生命。因为对于我们来说，真正的拯救来自我们的希望，而希望永远是无限的。只要我们活着，前面就应该有希望存在，所以叫作 infinite hope（无穷的希望）。永远不要对自己失望，永远要把希望留在自己心中，这也正是马丁·路德·金一生为美国黑人的平等努力奋斗的内在的信念。

马丁·路德·金的金句比较多，这里再给大家分享几个句子。我选的另外一个句子是："In this world, no one can make you fall. If your faith is still standing."。直译就是："在这个世界上，如果你的信念或者你的信仰还挺立在那儿，就没有任何人能让你倒下去。"大家稍微想一下，我们任何一个人只要坚持自己的信念，相信自己能成功，相信这个国家能变得更加美好，那么我们就不会那么容易被人打败，或者轻而易举地承认自己的失败。

第二句话也很有激励性："If you can't fly, then run; if you can't run, then walk; if you can't walk, then crawl... but whatever you do, you have to keep moving forward."。这句话直译就是："要是你不能飞，你就跑；要是你不能跑，你就走；要是你不能走，你就爬。不管你做什么，请千万千万不要停下来。"这句话的深层意思是，人生有很多艰难的时刻，有时我们不得不爬行前进，但是只要你往前走，希望就在前面。所以大家唯一要做到的就是不能停下来，你可以爬，也可以走，可以跑，也可以飞，当然最重要的是不要停。

下面分享一句他关于国家的论述，这一句我也是挺喜欢的："A great nation is bound to be a nation of love, a man who does not care about the weak can not become a great man, and a country that does not care about the poor can not become a great country."。这句话直译就是:"一个伟大的民族,一定是一个充满了爱的民族;一个人如果不关心弱势群体,那么他就不是一个伟大的人;一个国家如果不关注贫困的群体,那么它就不是伟大的国家!"我相信这句话每个人都有共鸣。国家之所以存在,民族之所以存在,就是为了让人民能够生活得更好。如果这个国家、政府的存在,会让老百姓的生活更糟糕,只会让贫富悬殊不断扩大,那么政府存在的意义就荡然无存。这句话也是值得我们去借鉴的。

我们讲了马丁·路德·金的四句话,希望大家能够把这四句话记一下,它对我们的生命是很有启示意义的。

日拱一卒

语句解析

disappointment:令人失望的事或状态,来自 disappoint。比如:我很失望,I'm really disappointed;我对你的行为很失望,I'm really disappointed by/for your behavior。这表达的是一种情感。

infinite hope:无限的希望。

Peace is the beauty of life. It is sunshine. It is the smile of a child, the love of a mother, the joy of a father, the togetherness of a family. It is the advancement of man, the victory of a just cause, the triumph of truth.

Menachem Begin

和平是生命的美丽之处,它是阳光,它是孩子的笑容、母亲的爱、父亲的欢乐、家庭的和睦。它是人类的进步以及正义和真理的胜利。

——梅纳赫姆·贝京

✦ 和平 ✦
和平是生命的美丽之处

这个句子来自以色列第七任总理梅纳赫姆·贝京（Menachem Begin）。

我们先了解一下贝京本人说这句话的背景，看一下他为什么要说这句话。1978 年，以色列和埃及在美国华盛顿签署了《戴维营协议》（Camp David Accords）。这是一个非常著名的协议，以色列和埃及两个敌对的国家，最后终于达成了和平解决中东问题的原则性方案。因为这个协议，贝京和当时的埃及总统萨达特两人被共同授予了诺贝尔和平奖，以表彰他们为世界和平进程付出的努力和所做的贡献。

讲完背景以后，我们再回过来读这句话，就明白为什么贝京会有这样一段发言。贝京的身份是非常复杂的，1913 年他出生在白俄罗斯（时属俄国，当时以色列还没有成立）。后来他所在的城市划归波兰，他就成了波兰的公民。1939 年，第二次世界大战期间，他的父母及兄弟都死在了纳粹集中营，他逃亡后加入了流亡的波兰军队。1942 年，贝京随着波兰的部队到达巴勒斯坦，成为犹太复国主义的成员。当时犹太人一心想要建立一个国家，看上了古代犹太人所居住的地方，就是今天的以色列和巴勒斯坦所在地。贝京成为激进的犹太复国主义组织伊尔贡的首领。当时的伊尔贡有点像恐怖组织，他担任了司令。所以大家可以看到，贝京这个倡导和平的人，也曾经是恐怖主义组织的首领。

1948 年以色列成立以后，贝京把自己所在的组织伊尔贡改组为自由党，一直活跃在政坛，直到 1977 年当选为以色列的第七任总理。他在总理任上也做了很多事情，包括促进和平等。但是也有很多非议，他发动了第五次中东战争，在他1983年辞职的时候，以色列和黎巴嫩还在持续进行战争，到今天为止这个问题还没有彻底解决。因此可见贝京是一个很有争议的人物。

这句话里他说："和平是生命的美丽之处，它是阳光，它是孩子的笑容、母亲的爱、父亲的欢乐、家庭的和睦。它是人类的进步以及正义和真理的胜利。"在这个世界从原始社会开始，有人类共同发声、共同相处的上万年中，尽管早期大多没有文字记录，我们也可以想象会发生很多部落与部落、民族与民族、国家与国家之间的战争。到今天，世界上一些地区战争依然没有结束，尽管无数的人都在向往着和平，但无数的人都没有得到和平。

从1949年新中国成立以后到现在，已经70多年。我们国家举办了70周年大庆，整个国家享受着和平时光。尤其是改革开放以来，我们不光享受了和平，而且获得了富有、繁荣，这在人类历史中并不那么容易的。当然我们还可以向别的国家更好地学习，有很多国家已经享受了几百年的和平时代，没有战争。对于我们来说，国家、民族最希望的就是老百姓幸福相处。

这句话之所以打动人，在于贝京把和平具体化了，它就是孩子的笑容、母亲的爱、父亲的欢乐、家庭的和睦。一个国家如果能做到这几点，就表明这个国家在维护自己老百姓的生活幸福以及和平安康方面已经做得非常好了。

和平是人类的进步以及正义和真理的胜利，这句话其实是有争议的，包括贝京自己其实也没有做到。因为这里面涉及定义的问题，人类的进步当然不用说，但是 advancement of man 是指人的道德水平的进步，还是指人的科技的进步，其实句子里并没有区分。科技进步当然很好，但科技进步并不一定给人类带来和平和幸福。所以我觉得核心就是人性的进步，以及道德水准的进步。

对于公正的事业，可能每个人都有不同的看法。无数战争都是因发起人自己认为是公正事业而发动的，却残害了成千上万人的生命。所以到底什么是公正的事业，需要界定。在第二次世界大战中，法西斯头目希特勒、墨索里尼，他们都认为自己做的是公正的事业；日本入侵略中国，还说要建立"大东亚共荣圈"，但实际上他们发动的是非常邪恶的战争。中国抗日战争是世界反法西斯战争的一部分，中国和苏联、英国和美国等共同参与这场战争，最后取得了反法西斯战争的胜利。我觉得这是公正的事业，带来了人类的和平。

关于真理的胜利（the triumph of truth），到底谁拥有真相，到底什么是真理，这在哲学上、现实世界中其实都没有定论，所以第三个要素我们可以存疑。我们能明白贝京在说什么，他说的真相、真理、公正的事业、人类的进步，在他心目中都是好东西。

所以，人类的进步是一件非常艰难的事情。尽管如此，在这个过程中，人类社会一直在进步。

日拱一卒

语句解析

togetherness：名词，团聚在一起。
advancement：来自 advance，意思是进步、发展。
a just cause：just 在这里是形容词，表示公正的，名词是 justice。cause 在这里指事业。
triumph：和 victory 是同一个意思，表示胜利。

老俞书单

1.《麦田里的守望者》

老俞影单

1. 《疯狂动物城》

2. 《罗马假日》

3. 《窈窕淑女》

4. 《血战钢锯岭》

5. 《黑豹》